U0519379

汪召元 著

生活的意义

精装修订版

西南财经大学出版社

图书在版编目(CIP)数据

生活的意义/汪召元著.—2版.—成都:西南财经大学出版社,
2018.11
ISBN 978-7-5504-3834-7

Ⅰ.①生… Ⅱ.①汪… Ⅲ.①心理学—通俗读物 Ⅳ.①B84-49

中国版本图书馆 CIP 数据核字(2018)第 256141 号

生活的意义(第二版)

汪召元 著

总 策 划:李玉斗
策划编辑:王正好
责任编辑:邓克虎
助理编辑:周晓琬
封面设计:穆志坚
责任印制:朱曼丽

出版发行	西南财经大学出版社(四川省成都市光华村街 55 号)
网 址	http://www.bookcj.com
电子邮件	bookcj@foxmail.com
邮政编码	610074
电 话	028-87353785 87352368
照 排	四川胜翔数码印务设计有限公司
印 刷	四川新财印务有限公司
成品尺寸	142mm×210mm
印 张	9.125
字 数	180 千字
版 次	2018 年 11 月第 2 版
印 次	2018 年 11 月第 1 次印刷
印 数	1— 3000 册
书 号	ISBN 978-7-5504-3834-7
定 价	48.00 元

1. 版权所有,翻印必究。
2. 如有印刷、装订等差错,可向本社营销部调换。

前　言

我们都在为美好的生活而努力，但就在收入与社会不断取得进步时，却发现幸福感难以提升。其原因主要有两个方面：一是我们太追求完美，总是以更好的甚至以最成功的人和最美好的事物为标准，这样就会形成一种负面的比较很难让我们有满足感；二是生活的富足与随意让人失去了太多真实的人生体验和理解，由此产生无聊、失意与痛苦就在所难免。

生活需要思想，更需要理论，否则我们会感到迷惘、混乱与痛苦。今天，尽管我们取得了巨大的生活进步，也积累了丰富的知识，然而对生活本质与人本身的认识还存在很大的不足，如生活的意义与基本规律是什么，人与人、人与环境的关系如何认识，人类存在的意义、发展方向与最终归宿是什么。

这的确是一个奇怪的现象，生活一直是大家时时都在谈论与思考的问题，也对生活进行了各种形式的分析，如哲学、心理学、社会学、经济学等，但这些分析都显得片面与表面化而不能给人们带来什么，这不能不引起我们的注意：生活有无系统的基本规律？能否建立一个真实而有效的生活理论而不是迷茫于各种令人眼花缭乱的知识中？

任何事物都有特定的存在形式与变化规律，生活也一样。但在对生活规律的探索中，我们很难从现有的知识中找到答案，因而必须重新静下心来观察、思考与总结。

生活的意义是什么? 这看似简单的问题却至今困扰着我们，一个现实的情况是我们都在为追求幸福而生活。

生活是各种心理活动所形成的感受，而幸福是人们在这种感受中产生的满足感。研究发现，当一个人受到不同的物质刺激后，一个被称为"腹侧纹状体"的脑部区域会变得活跃，并通过释放多巴胺等令人兴奋的神经递质参与脑部的奖赏。

其实，幸福就是通过不同事物的刺激让人产生满足感，如获得财富与地位、体验不同环境与获得某种启发是大自然对人生的一种激励。

人类是在生命体应对环境变化的激励中进化而成的：从原始的生命体对环境做出反应求得生存，到进化为动物积极应对变化来获得满足，再到人类为获得满足而寻找和创造变化，以及由此形成人类体验各种事物及意义的情感与思想，我们称之为生活。

因此，生活只是一种形式，其实质在于感受不同，人的各种行为也由此得以解释。如安全的需要，是人们为了延长生命以获得更多享受的机会；对地位与财富的追求，是人们为了得到更多享受的条件；生活需要交流，因为人们能从交流中获得更多感受；而交换就更明确了，那就是互通有无；语言与文字、知识与技术的产生及发展，在于提高人们获得新事物的能力和手段；我们所说的追求，可理解为对特定事物的享受需要。

我们要理解生活，就需要探索生活的理论，而这个理论远比我们想象的要简单。

生活是一种感受

生活是一种心理活动所形成的感受，它表现为是什么、会怎么样、该如何等各种意识，我们把这种意识的内容与对象叫作事物。

事物以其特有的能对人产生影响的意义与多种意义存在。如水果不仅具有给人营养、还具有味道与样式等多种意义对人产生影响。显然，若水果没有这样的意义，我们就不会去感受它，生活也就不会存在这样的事物概念了。

每一事物都有其不同的意义需要我们去认识，同时其多样性意义导致不同事物间的相同性，这就需要我们积累经验来提高生活的效率。比如水果与面包具有相同的营养，而当我们有了水果，就不要再执着地追求同样满足该营养的面包了。

生活是一种感受，而决定这种感受的是人的情感与思想，且当人的情感与思想越丰富，能感受到的事物及意义就越多，其生活就越有意义，反之则意义就少。而人的情感与思想复杂多变，这就需要我们艰难的去把握实质性规律。

印象规律

有一种被西方热烈讨论的"视觉道德"现象，比如，你驾车时发现前面有行人，你会急转弯，而此时转弯所面临的危险与危害其实更大，因为侧面有更多的人。

是什么原因导致你可能选择轧死更多的人而不是更少的人呢？这就是因为当时的感官反应，即印象深刻的视觉支配了你的行为。侧面虽然有更多的人，但没有视觉刺激形成强大的印象而难以影响你的行为。

生活是由你所感受的事物组成的。事物对人的影响不仅取决于它的意义，还取决于该事物给人的印象程度，且事物给人的印象越深，其对人的生活的影响越大；反之亦然。

生活中人们最容易受到印象深刻的事物的影响，如经验与环境，而影响的结果是该事物给人的印象进一步加深，人们受其影响更大，并如此循环而构成生活中的感受印象规律。

根据感受印象规律，我们可得出两个重要的生活结论：一是人们通常把眼前的生活看得过于重要，因为人们对眼前的生活总是印象深刻而难以回避，由此导致行为的短期性与生活的盲目性；二是人们的生活通常局限于自己的经验与所处的环境，其结果必然是人的情感与思想变得狭隘，并由于把自己的经验与感受看得重要而导致与他人的矛盾和冲突。

　　一个民族与国家也常常生活在一个极其有限的感官世界与自以为是的狭隘经验中，由此导致其生活与发展的局限以及不可避免的对外冲突。

　　生活不缺少有意义的事物，但有太多的事物因缺少让人感受的机会而失去意义，于是一些重要而真实的事物因没有被人们感受而令人遗憾。同时，真实的世界太复杂，我们常常不必太认真与太执着，而只需在有限的时间与环境里获得好的感受即可。

经济规律

　　生命都是有意识的，它表现为一种效率，即"经济性"要求，就是力图以最小的代价来实现其目的。人类尽管形成了复杂的思想和情感，表现出丰富的个性生活，其基本的行为规律仍可简单地表示为，力图以最小的付出来获得最大的自我满足。

　　因此，我们的生活总是有计划的，即先做什么、后做什么，要做什么、不做什么，以及做多少、怎么做等，以使自己从中获得的享受与满足尽可能多些，而痛苦与代价尽可能少些。

　　生活中的市场经济其实是这种普遍性经济规律的一种表现，而片面与非真实的经济学也就不可能称得上是科学的。

相同性规律

人的经历会留下记忆，即事物的各种特征在人的大脑神经中形成相联系的经验，并在相同性事物的刺激下再现，从而使人的情感与行为表现出连续和重复性特征。

人的这种神经联系还会因记忆再现而得到强化与发展，使其能被相同性更少的事物激活，并进一步演变成某种生理与遗传特征。

如恐怖的经历，其环境中特定的人物、形态、颜色与气味等会与恐怖情感产生联系而形成经验，当人们再次受到这些相同性事物的刺激时，就会引发恐怖情感与经验的再现，并发展为今后更少的相同性事物刺激也能引发敏感与胆小的个性特征。

研究发现，人的大脑有针对蛇类的特殊"雷达"。其原因就在于，一定时期蛇类对人类的致命性与普遍性伤害给人造成了太多的恐惧和记忆，人类从而进化出能对蛇类图像进行敏感反应的特殊神经细胞。

从对变化的反应，到重复而形成的经验，直至最后演变成可遗传的生物个性，反映了在人类适应环境的进化过程中，有许多相同的事物是人们不必思考与选择的，从而把节约的能量与时间用于应对更有意义的环境变化。

这种对相同性刺激的反应还会在人与人之间传播。这是由于在群体生活中，人们对特定事物所形成的相同反应，必然导致一个人的行为很容易刺激其他人相同神经的活跃而表现出相同的情感行为，即个人行为在群体生活中容易形成对他人的影响。

比较规律

一个面包对人的作用有多大？从面包本身来看，无疑其作用很大：它能人提供宝贵的营养与能量。但人们却不一定会这么想，道理很简单，如果食物很充足，即使没有该面包，人们仍可获得充饥食物与营养，且如果有更好的食物可供选择，人们还会因用面包充饥而感到痛苦，这就是比较的结果。

也许我们正生活在天堂里，但我们并不会因此感到幸福；或者我们正生活在地狱里，但我们也不会因此感受到痛苦。因为让人产生感受的是变化与不同，我们在意的是比以前好、比别人强。

幸福与否也没有绝对与客观的标准，它取决于人们根据各自不同的经历与条件提出的要求是否得到了满足。

所谓代价，也就是相对的比较而已。生活中总有许多可供人们选择的事物，人们必然会选择最好的。而如果人们不得不选择较差的，就会形成一种痛苦。显然，这种痛苦产生于与最好的选择比较所形成的机会损失感，即代价。

我们之所以把工作看成一种劳动，就在于工作约束了人的自由而使人失去了选择更好的生活的机会。因而如果工作以外没有更好的生活选择，工作的性质就会发生变化，即是享受而不是痛苦的代价付出了。

代价是生活中基本而重要的概念，需要我们去认真地思考，否则我们的理论离现实生活就远了。

稳定规律

稳定是万物存在与变化的基本要求，也是基本的自然原则，并由此决定了事物存在的原因、我们解释生活的基本理由。

如物体往低处运动是为了找到更稳定的位置；高能量物质通过裂变与辐射释放能量来获得低能量的稳定状态；人类通过对话、争吵与战争来化解矛盾、重建秩序以获得新的平衡和稳定；物种之间与内部的残酷竞争是为了更强、更能适应环境生存的物种和个体存活，让有限的资源集中到更有稳定意义与前途者身上；人类探索未知与追求道德是对不确定性和无序的恐惧，是稳定的意义体现；我们形成国家、组成家庭与加入群体，是为了有序与安定地生活。

生活是为了幸福。这是人类适应环境的斗争所获得的激励。显然，离开了大自然的稳定精神与激励，人的情感与思想就不会形成，生活也就不存在了。

我们都希望自己的行为正确，生活得更有意义，但正确的标准是什么？如何生活才能更有意义？为此，人们百般思考、探索真理，并形成了各种知识与宗教，其实质也是为了获得一种存在与安全感的稳定而已。

目 录

第三章

比较是普遍性的心理规律　143

在这丰富而充满个性的时代里，人们总希望比以前好、比别人强，以此获得满足感、成就感。由此形成了一个普遍的心理习惯：从比较中发现生活的意义，从比较中感受生活的乐趣。

第四章

生活与追求 183

生活需要思想，更需要理论，否则就会造成认识的混乱、行为的盲目与选择的痛苦。

第一章

事物是生活理论的基本概念

理论的意义不仅在于找出事物的规律，更在于以什么为思考对象。只要我们对生活的认识有足够的高度，就不会被现象迷惑、被感官左右，由此才能找到有价值的东西。

事物

　　事物是生活的单位与意识的对象，其意义在于使人的记忆、思考与交流变得方便和容易，生活得到连续、有效的发展。

　　研究发现，西方学生的数学成绩之所以不如亚洲一些国家学生的成绩好，其重要原因在于数字的表达形式太复杂而感受困难，导致学习时负担大。

　　生活中，我们总会将需要感受的物质和行为抽象出来形成明确的事物意识，以使人的思考与交流变得方便容易，生活的效率得以提高。显然，当生活中抽象出来的事物意识不是很准确而简洁时，就会影响思考与交流的效率，而西方的数字意识与表达相对亚洲的数字意识和表达就烦琐，学习也就受到了不利影响。

　　事物是什么？事物就是人们意识的内容与生活的单位。

事物首先表现为其物质的存在情况，即是什么，如吃的水果、住的房子、自然界的山水、具有生命的人与动物；其次是物质的变化，即会怎样，如出现与消失、增加与减少、静止与移动等；再者是人的反应，如回避与购买、友好与追求等态度和行为，以及由此产生的联想，如想像有什么、各种情况的假设等。这些人们都以一种具体的、某种形式的概念出现，即事物。

我们的生活由各种事物组成，而事物的本质是其具有对人产生影响的功能，即意义，没有这种功能与意义，事物也就没有存在的理由了。

如数字代表量，水果能充饥和提供营养，语言能表达情感与传递信息，工作的收入能给今后的生活带来方便等。显然，事物如果没有这些特定的能对人生活产生影响的意义，人们就不会形成这些事物的意识，生活也就不存在了。

当我们在生活中发现特别的、有意义的、反复出现的事情或者思考有了结果时，我们就会形成事物意识，如名称、事件与理论等，其实质是形成一种有效的记忆以方便获得更多感受和选择、思考和交流。

事物的形成不是随意的，而是有其内在规律的。人们在确定生活单位即事物时，是以其生活的需要与方便为依据的。当生活的单位确定得合理、恰当时，人们理解其意义与做出生活安排就容易；反之，生活单位划分得不合理，这些就变得很困难。

如人们常以整数为生活单位，原因就在于这些整数简洁，特别容易感知。相反，非整数就显得烦琐与区分困难了。同样，人们常以特殊与特定的人和事、以特别的物质与物质现象作为生活的事物单位，原因不仅在于其具有特定意义，更在于它们容易被感受、记忆和交流。

同时为了交流的方便，事物又常以可表达、公认的形式出现，如用语言、文字符号、肢体动作与物质形式等来表达。

生活从可感官的物质事物开始，这是由于人类在原始的生活中必须对恶劣的环境做出敏锐反应，且感官意识也容易形成。人们获得感官感受的基础上激发情感与思想，由此形成更多抽象的事物意识。

在这种事物意识的形成中，人的内在需要是根本原因。因为没有这种需要，就不会对外在物质刺激产生反应与兴趣，事物与生活的意识就无从谈起。但是，如果人的需要没有物质环境，其需要就始终是一种抽象的、无法体验与表述的东西，人的大脑也就不可能得到有效的刺激与发展，因此，物质环境是形成事物的必要条件。

如刚出生的幼儿在饥饿时只能哭泣，因为他没有具体的与饥饿相关的事物概念可表述，当然他不能表述也是其原因。而只有当他吃奶时才会形成一种食物概念，并在饥饿时想起它，所以当大人多次提到"吃奶"并喂他时，他就会形成奶与吃奶的事物意识。

随着生活的发展与效率的提高，事物意识变得丰富、细致与准确也是一种必然趋势。如出现了以数量为单位的个、块、堆等；以物体重量与大小为单位的克、公斤、升与立方等；以时间和距离为单位的小时、天、米与千米等。人的吃、住、行的方式与时间选择由此变得更准确，同时表达事物的形式也在发展，如声音、符号与动作的出现等。

动物都具有对物质刺激产生是什么、会如何与该怎样应对的意识，只不过动物的意识更多的是当时的感官反应，是表面的、简单的、朦胧的与随机的，而人类因效率的要求形成了具有连续性生活意识的抽象事物概念，并表现出因环境与经历不同而意识不同的个性。

事物具有两个基本特点：一是可选择性，即事物作为生活的单位，人们可根据自己的需要来选择，这也是事物形成及评估其意义的目的。生活的这种选择不仅指可感受的行为，如去还是不去、做还是不做、看还是不看等，也指一种抽象的意识行为，如是思考还是不思考、思考什么与如何思考等。二是可分性。事物意义总是多方面的。如小车，它首先能给人带来交通的方便，其次是美观享受，最后是地位的象征等，其每一种意义可构成一种事物。相反，被分解的每一种事物，即交通的方便、美观与地位象征等又可组合成一种事物，即小车；我们到餐馆吃饭，既是为了增添营养与品尝味道，也是想去欣赏环境、感受服务态度，还有和朋友相聚交流一下感情、思想等，或者后者反过来组合成前者。

事物每一种意义还可继续分解，如小车外观欣赏包括其色彩、形状与构成；美有多方面；食物味道与营养也有多种等，只要你能感觉到并愿意去感受。

同样，事物意义的分解也是由人的需要来进行的，如在我们认识水果时其功能常常理解为水分、味道与各种营养等，而在具体消费水果时，其功能还包括价格、购买与存放等的思考。

从理论上讲，任何事物都具有无限的可分解性，只要人们有需要，就能分解出单独的意义与行为单位，只是这种分解的代价会越来越大，而其意义可能越来越小，直到没有必要再分解为止。

对事物及意义的分解，最初是比较容易的，随着更多意义被感受，进一步的分解将变得困难，但随着人的能力的发展与经济性要求的提高，这种事物功能的分解还是在不断进行，生活也变得更加丰富，人们对生活与世界的理解也更加深入。

如水果最初仅仅用来充饥，随后产生营养与美观的需要，而现在人们已感觉到还有水果的产地文化、生态意义以及所含成分对人体的各种影响等。

事物有大小之分，其本身的内容越丰富，可分解的内容越多，则该事物对人的作用就越大、影响时间就越长，这时我们就称其为生活中的重大事物或重要事物；反之则小，或者不重要。

如结婚与生子、入学和购房等，其事物功能就有更多分解的可能与必要，该事物也能给人更多与更长时间的影响，故该事物就是人们生活中的大事；反之则是小事物、小事情。如简单的一句话、一个手势等，它们对人的影响较小。人们对其更多的思考与选择就没多大必要。

事物分解出来的意义也叫做事物中的事物，即事物的意义也是事物，我们认为事物总是包含有多种、多层次的意义，这也就是事物的可分性。

事物意义的多样性与可分解性决定了事物间具有相似性。事物的相似性是指事物因有很多意义，不同的事物之间就自然存在相同意义的可能，从而也就具有相似性。显然，当两个事物间的意义相同性越多，我们就说两者越相似、其相同性程度就大；反之则相同性与相似性程度就小。

如水果与面包，它们都是可充饥的食物，其在营养、味道方面具有很多相似性，故相同性程度大；而水果与电视机就很不一样，但尽管差异很大，在满足人的娱乐与情感需要方面还是具有相同点，只是程度小而已，且随着生活的发展、人们对其意义理解的增加，其相似性还在逐步增加。

事物间的相同性意义在于，人们面对复杂多变的生活时，经验使思考和选择变得方便，从而有利于人们更好地发现变化与不同的机遇，以及应对挑战。

事物之间总是存在着差异性，因为只有差异才会给人以刺激并形成特定意识的事物，成为人们生活的单位。

如食物与电视机的存在形式和组成明显不同，于是食物与电视成为人们考虑与选择的内容。

相反，没有差异或者差异不大的生活，是不会成为意识内容与选择对象的。如平淡与重复的吃穿，若没有特别的变化，人们是不会产生感受并形成一种事物意识的，除非有变化或有新的意义出现。如原来是吃不饱、穿不暖，而今天丰衣足食，或吃穿在外观与质量方面又上了一个档次，或者吃的样式与味道有变化，或者今天有了特别的感悟等，人们才会去感受并形成新的、具有特定意义的事物概念。

在一定时间内，人们所感受的事物的总量是一定的，因为无论是人的生理还是人的心理，其活动能力都是有限的。于是当人们感受某种事物时，自然对其他事物的关注机会与能力减少，因而在面对新事物时自然加速了对旧事物关注的减少、意识的减弱。如你下班回家和家人闲聊，并由此发现与家人在一起的意义和乐趣，这时工作的热情与意识就会减少，同时人们对事物意义的理解也在变化。这种随环境与情感变化而变化的事物意识便是事物的时间性。

因人的情感与思想在变，某一事物的概念所包含的内容也在变，所以某一事物概念的持续存在只能说是由于仍具有很大的相同性而被我们看成近乎不变，或者内容已发生变化而我们仍习惯用原有的事物概念。

如工作的意义，原来可能是为了收入而付出，而以后可能更多的是指个人对社会的参与、贡献。

不同的人对形成事物的内容与过程的理解是不同的。如小孩由于经历与知识少而感官欲望强烈，于是生活事物更多地表现为感官刺激的结果，并由此决定了他们对不同物质与环境的敏感性；老年人知识与经历丰富，于是生活与乐趣更多建立在回想与经验总结上，因而闲聊与谈论往事成为一种好的生活方式；思想者喜欢抽象而富有逻辑性的生活，于是独处与读书成为生活的主要内容。

事物是人的大脑对物质与生活的反应，这种反应是一个从简单到复杂、从低级到高级发展变化的过程，它反映出人类对环境适应与自身进步的要求。

于是，在人生初期以及社会处于低级发展阶段时，像没有生活经验的婴儿一样，人们所想所做的主要是感官刺激的结果，如吃、穿与简单的娱乐。

而在生活发展到较高的水平、人的思想感情变得更丰富时，人们便会开始关注一些意义抽象而深刻的事物，如群体生活从简单的生存、互助，发展到相互尊重与平等等内容，因而人类的生活也就上升到更高的层次。

人的感官与思想必然产生对物质的感受需要，并形成对生活的事物意识，且事物意义的不断发展说明人类生活是具有很高效率与连续性的。

事物的意义

我们常说一件物品有没有作用、一个行为有没有必要、一种生活有没有价值等，其实质都是人们想知道一事物能给人带来什么影响、带来多大影响，以便于安排生活。

在我们决定做什么、不做什么，先做什么、后做什么，以什么方式做及做多少时都会进行自主的选择，而其依据便是事物的意义。

人们在生活中的每一次选择与安排，都是建立在特定的事物意义基础上的，如吃饭是为了充饥与获取营养，工作是为了获取收入，说话是为了表达某种情感与传递某一信息等。

事物的意义产生于其能给人某种需要的满足，显然没有人的内在需要也就谈不上事物的意义，因而人的需要与需要程度决定了事物意义的存在和大小。

比如，人们要有饥饿感，水果才有充饥与营养的意义，且人们越饥饿，水果给人的意义越大；看电视剧是因为人们有情感与思想的需要，且人们的这种需要越强烈，电视剧的意义越大，反之则越小。

事物意义是人们感受的结果，它首先是指其本身的结构与组成。如水果的意义首先是指自身形状、物质成分、味道等固有的组成，这也常常是大家都能感受到的、公认的客观存在。

事物意义其次是指事物的外在联系与人们的联想。如明星与商品的意义有其各自不同的内容，但当明星做商品代言人时，明星与产品之间就建立起一种联系，使得人们一看到该商品就会联想起明星，从而使该产品具有明星的娱乐意义；或者明星具有商品功能而使人们时时从明星身上感觉到某一商品的存在与影响。这也是明星做商品代言的意义，即把一件商品与明星联系起来，并把彼此增加为自己的意义内容以增强双方的影响力。

生活中，这种事物意义的外在联系与联想是普遍存在的。如看到水果所产生的美感联想，或者听说某人吃过、种植过该水果等，只要给人的印象足够深刻，能让人们在感受水果这一概念时产生联想，就都属于水果的意义内容。

显然，事物意义的这种联系与联想因人的经历和偏好不同而不同。如看见水，人们更多地会联想起其解渴、灌溉与游泳等意义；具有从商经历的人可能会更多地与商机联想在一起；环保人士更容易联想到水质、环境与人类健康的关系；对一些学者来说，可能还会引起一些研究与思考，如水在此处的产生、水质情况等而得出更深刻的意义。

事物意义就是由其本身的认识与外在的联系所决定的，虽然外在联系具有很强的随机性，但仍可能为大家所认可，如宗教生活、道德典范与品牌文化等。而事物本身的意义也可能是个人的独到见解，如有待大家认可的真理等。

在对事物意义的联系与联想中，一个重要的特点是跨时间、跨地点与比较认识。所谓跨时间、跨地点就是考虑事物对人的作用、影响要联想到不同时间与地点的情况。

如对于一食物，即使人们当时不饥饿，也可储存起来到饥饿时再消费，这就是跨时间；或者即使对自己没有意义，但仍可通过不同地方与不同人的交换来体现其意义，这就是跨地点。

在人们考虑是否购买一辆小汽车时，就有必要做这样的跨时间预期分析：人们在今后生活中使用的机会与时间，在使用过程中的日常维护、保养与安全等。这样，在考虑是否购买小汽车时，不仅要考虑价格与质量，还要考虑人们所能预期到的今后不同时间内的各种有利与不利因素，由此构成购买汽车跨时间的意义评估，并决定自己是否购买。

比较也是事物意义受联系与联想影响的表现。一个面包对人的作用有多大？从面包本身来看，无疑其作用很大：它能为人们提供宝贵的营养与能量。但人们却不会这么想，道理很简单，如果食物很充足，即使没有该面包，人们仍可解决饥饿问题与获得营养，且如果有更好的食物可供选择，人们还会因用面包充饥而感到痛苦，这就是事物意义受到联想比较影响的情形。

事物意义是选择的依据，因而事物的意义是相对整个生活比较而言的，这就要求我们不仅要确定事物本身的意义，如面包可以充饥与补充营养，更重要的是进行联想与比较以确定各种事物意义在整个生活中的大小，联想我能获得多少食物、我的经济条件如何等。

于是，当一个人的条件有限，只有面包等少量食物可充饥，或者当只有面包可充饥时，面包的意义就很大；反之，一个人条件好，当可选择的食物多时，面包的意义就明显缩小。因而事物的意义具有很强的个性与随机性。而社会对一事物意义的判断常常有两种情形：一是客观地分析事物本身的作用；二是分析其市场地位，即做宏观的概率性分析。

在这种对事物意义的综合分析中，事物表现出两种基本的性质：一种是给人舒适与享受，它是人的欲望与追求产生的原因；另一种是给人不适与痛苦，它是人们厌倦与回避的原因。由此构成人们两种基本感情与态度，即享受与痛苦。

这样，尽管生活内容丰富多彩，事物的意义多种多样，我们还是可以用正的或者负的功能及相应的量来表示，并综合得出事物总的意义大小而形成一个可叠加的量，毕竟事物意义是人们感受的结果。

如对于水果来说，它具有香甜可口、可供充饥、外观怡人，以及潜在的细菌对人体的危害、残留物的处理等几种主要功能，可分别评定为单位相同但量不同的作用（赋值）：10、15、5、-10、-5。其中由于后两种功能对人来说显然是一种厌恶与痛苦，故为副作用。

在把水果分解成各种意义的量后，一种水果的作用就是其各种功能的叠加量，故为 $10+15+5-10-5=15$ 个单位量。

又如，一个人在一天的生活中有吃饭、工作、闲聊与看电视几件事，其意义分别为10、-20、5、10个单位，则其一天的生活意义总量就为 $10-20+5+10=5$ 个单位量。

事物意义的综合也常常表现为概率性分析，这是由于生活中总存在不确定性因素，其联想与预期的意义能否产生常常是一个概率性问题，对此人们只能采用概率性分析。具体过程就是把一事物产生的概率乘以事物的预期意义，以此衡量该事物意义的大小并将此作为生活选择的依据。

如一投资的收益是1万元，但成功的可能性是80%，于是该投资收益就不是1万元，而是 $10\,000 \times 80\% = 8\,000$ 元。

其实，事物的意义都存在产生与实现的概率大小问题。只不过对那些确定的或把握性大的事物而言，因其实现的可能性很大而视其概率近似100%而已。当然，若实现的概率为零，人们也不会去做意义评估与选择考虑了。

事物的意义是随着人的情感与思想发展而变化的。如吃饭一事，最初仅仅是为了充饥，后来开始讲究味道与营养，最后升级为饮食文化，餐桌也成为交流的平台。又如工作，现在我们不仅要考虑做什么、收入多少，还要考虑什么时间、什么地点与环境如何，或者有无创意、对自己的生活与未来的影响等。

这就是说，同样的事物，其意义是随社会的发展变化而发展变化的，且由于生活节奏的加快、生活效率的提高，人们有从一事物与行为中获得更多意义的感受与满足的要求。

如对于一场平淡的技能与知识比赛，当人们进行不同理解与联想时，如希望某队与某人赢、希望某人与某队如何表现等，就会使比赛的意义变得更加丰富与个性化，并使人们从中感觉到自己的成功，比赛也就由此变得更有意义。

人们在生活中找到了自己所需，并不断赋予其各种意义。其中，有的是公认与社会化的，有的是个人特有的偏好甚至是想象的。但不管怎样，发现更多的事物、感受更丰富的意义，是生活的需要，也是**人类生活**的意义。我们坚信，不会有神或权威来掌控人类的这一基本要求，平等与充满个性的追求才是生活的基本精神。

递减与递增原理

　　如果人们对苹果的消费需要一定，则连续消费苹果所获得的满足感是逐步减少的，而当人们对苹果的消费需要增加时，则同样的苹果给人的满足感就会明显增强。

　　人类可消费的物品是有限的，以物质增长来获得的幸福感是递减的，而人的情感与思想所产生的需求却是可以增长的，这才导致了人类发展的连续性。

　　人们在饥饿时以苹果充饥。当人们吃第一个苹果时，由于此时人的饥饿感最强，对充饥的需要最强烈，于是该苹果对人的作用最大。而当人们在吃第二个苹果时，由于人们在消费了第一个苹果后的饥饿与需要减弱，故第二个苹果对人的作用量减少。以此类推，第三个、第四个苹果等对人的作用量也将依次减少，至人们不需要时作用量为零或起副作用。副作用表示苹果不仅不能给人享受与满足，相反，还会因与人的需要相矛盾而给人带来痛苦。

更进一步分析，假设人体对苹果的最初需要量为5个单位，则在人们消费第一个苹果时，对应的作用量即为5个单位，而在人们消费第二个苹果时，由于人体对苹果的需要程度减少为4个单位，故该苹果对应的作用量也相应地减少为4个单位。以此类推，第三个、第四个与第五个苹果对人的作用量将依次减少为3个单位、2个单位与1个单位，到第六个苹果时其对人的作用量为零。这样，前5个苹果对人的总作用量为5+4+3+2+1＝15个单位，也即当时苹果给人的总作用量。

这就是说，人们以个为单位连续消费时，其每消费一个苹果所带给人的作用不仅是递减的，而且是等额递减的。

生活是一种感受，而感受产生于人的需要。显然，人们对一种事物的需要程度越大，该事物对人的作用与意义就越大，其作用与需要程度成正比例关系就是一种必然的，也是我们容易理解的规律。

感受最终也可归结为一种生理活动，而饥饿得到满足的过程也是这种生理活动的一种表现，因而我们应该能找到人的需要程度与反映这种需要的生理活动程度成正比例变化的客观与普遍性关系。

这就是说，不仅人体充饥的食物作用按等额递减，任何事物的意义都同样存在这样的边际变化规律，即当人的需要表现为一定的量时，在这种情况下，只要满足人们这种需要的事物能分解为更小的单位，人的需要在连续获得满足时，该更小单位事物的意义就会表现出边际等额递减。

比如按时间来划分娱乐，因人们在某一时间的娱乐时间需要一定，其单位时间内连续获得的娱乐满足就是等额递减的，或者按其他单位，如次数，来划分娱乐也一样，每一次所获得的满足感是等额递减的。

我们把同种单位事物的作用随人的需要成比例减少的规律，叫作事物作用的边际等额递减规律。

由于事物具有多种意义，所以事物作用的边际递减规律也体现在事物的各种意义上，只要我们对这些意义的感受能以某种更小单位来进行。这也是很自然的事，因为事物意义本身就是其各种意义的总和，也正是其各种意义的边际等额递减才构成了事物意义总的边际等额递减。但事物的意义因其性质及作用方式的不同，其递减额的大小又是不同的。

我们以聚餐为例。人们从一次聚餐中可获得的享受可分为三种：一是食物充饥与人体营养的满足；二是食物与环境带给人的感官享受；三是与进餐者的交流所获得的情感满足。

现在，我们可把聚餐分解为某种更小的单位，如时间单位，以分析其连续消费中各功能作用与总作用的变化情况。

显然，人们在第一个单位时间里，无论是所获得的营养，还是味觉与美的享受，或者是从交流中获得的情感与思想满足，都将是最大量的；而在第二、第三个等单位时间里，其各意义给人的作用将依次按不同量等额递减。

其中，由于有的意义作用递减量大些，而有的意义作用递减量小些，于是在某个时间就可能出现这样的情况：有的意义作用已递减为零了，但其他的意义作用不为零，故人们对整个聚餐还是有持续要求的。

若是盛大的酒席与美味佳肴，此时常常是营养、充饥的作用递减快，而其味觉与美观的食物和环境享受的作用递减慢，这就是我们感觉到的想吃又吃不下的情形；而对简单食物却是不想吃而又必须吃，因为此时人们可能处于一开始就没有嗅觉与美的感受但又感到饥饿的情形。

或者，当人们聚餐到某一时间与单位量时，有的意义就会给人带来的副作用量，而有的意义作用仍为正的作用量。于是，各意义叠加，当综合作用量仍大于当时的边际生活作用量时，人们仍会继续聚餐，直到综合作用等于或小于当时的边际生活作用量，人们才会停止聚餐。

当我们进餐到一定时间与程度时，虽然已觉得意义不大，但因为没有更好的选择与安排，我们就可能多吃一些，多感受一下，或者相反。

我们可进一步分析事物多种意义作用边际变化的情况，即由于事物意义的可分解性，事物间就存在相同性可能，于是这种边际作用等额变化规律也就会发生在不同事物之间。

　　此时人们若选择某一事物，另一事物因存在局部的意义相同就会产生局部意义的等额递减，即人的某种需要得到满足导致没被选择的事物作用也会发生变化，且仍表现出边际等额递减的影响，尽管这种递减额因有局部相同而较小。

　　不同的事物，其意义相同性程度是不一样的，从而相互影响的大小也就不同。如同是食物的水果与面包，其功能相同方面较多，两者之间产生影响的机会与量较大；而在食物与娱乐品之间，其功能相同的方面就较少，两者之间产生相互影响的机会与量也较少。

　　一般情况下，物质作用很容易受制于人体所构成的有限感受（消费）能力，因而看似不同的吃、穿、用，其作用的相互影响与由此引发的边际作用递减量却很大。如人们很容易在获得一种食物满足后而对其他食物的需要大幅减少。

　　而精神生活则因产生于人的情感与思想，其事物间的相同性与相互影响也就复杂而间接得多，事物间相互影响的量就少，但仍很普遍。

　　如旅游与看电视，尽管形式不同，但对人们来说都是一种情感与思想享受，并不难找到之间的相同意义，如获得一定情感寄托、某种生活体验与感悟等，因而当人们旅游后，对看电视的需要就会减少，而这种减少又因是很局部的相同与间接的联系而幅度不大。

　　总体来说，我们生活中的事物之间总是存在或明或暗、或多或少的相同。此时，人们选择一事物，其他事物的作用都可能产生或多或少的递减。

随着人类社会生活的发展与人们对生活效率的要求的提高，人们从一事物所获得的满足将是更多方面的。如对于食物的消费，以前的目的是简单的充饥与营养满足，现在因人的情感与思想发展了，人们就想从食物中获得各种感官与理解的满足，从而一食物的制作与解读就多了起来，一事物的作用递减也就更多的是人的综合心理反应结果，其不同事物间的功能重叠机会也将增大，相互影响的机会也更多、更普遍。

补充说明：对于事物作用的边际等额递减还存在一个复杂因素，即决定人需要的各种因素也是随时间变化的，故事物的意义或者说最初的需要也会在不断获得满足的过程中发生变化，表现出增加或者减少，这使得这种边际作用递减规律更不容易为人们所体会，尽管这并不影响规律本身的存在。

我们以音乐欣赏为例。人们最初可能对一段音乐不太喜欢，或音乐勉强可以听，此时人们欣赏该音乐的时间需要会很少。但在听的过程中，人们变得更喜欢或者更不喜欢都是有可能的，其音乐欣赏的时间需要因此发生变化。

假设人们刚听一种音乐的需要是 5 个单位，如 5 分钟等，第 1 至第 5 个单位的音乐给人的享受量分别为 5、4、3、2、1，这时音乐总的作用量为 5+4+3+2+1=15 个单位。而在人们听该音乐的第 3 个单位时改变了习惯与爱好，假设是对该音乐更喜欢了，这时听音乐总的需要量增加了 2 个单位，且第 1 至第 7 个单位的享受为 7、6、5、4、3、2、1，共 7+6+5+4+3+2+1＝28 个单位，故第三个单位享受所获得的作用量为 5 个单位而不是 3 个单位，但人们继续听音乐所获得的作用量仍是按等额边际递减的，只是因其有更大的感受变化掩盖了这种较小的感受变化。

这就是说即使人的需要出现变化，其等额递减规律也在发生作用，只是因为人的需要在发生变化而让人们很难感受。

尽管人的需要随感受变化而变化是绝对的，不变是相对的，但在时间短、人的心理与需要相对稳定的情况下，人们还是能明显感受到这种事物作用边际等额变化的规律的存在。

因此，我们所分析的事物作用等额递减是建立在某种感受需要的稳定性基础上的，且只有存在这种稳定的感受需要，人们对这种边际变化才感受得到，其分析才有意义，但这并不是说在人的需要发生较大波动的情况下就不存在这种事物意义的变化了。

造成事物意义的相互影响除了相同性意义的原因外，还有时间与环境因素

人们从一种事物中能获得多少意义，常常取决于人们用多少时间去感受。于是，当一个人的时间越多，人们对一事物意义的感受就越充分、完全，从而该事物给人带来的意义也就越大；反之，当一个人的时间紧张、用于一事物感受的时间有限，则该事物对人的作用就小。

对于一辆小汽车来说，当人们没有多少时间去使用，小汽车带给人的意义与作用就小；反之，当人们有较多的时间去使用，如工作与休息时都可以使用，则小汽车给人的作用与影响就大。

同样，对于环境条件来说，有方便的停车场地、有宽敞而平直的交通道路、有良好的天气等，小汽车就能更好地发挥作用，小汽车给人带来的好处就多；反之，小汽车的使用环境条件差，且周围的人反对自己使用，则人们就会感到使用小汽车时的困难与不便，小汽车给人的带来的好处就少。

与人的内在需要一样，由于人的生活的时间和空间资源都是有限的，因而当一事物消耗了人的时间和空间资源，其他事物的意义就会减少。如与一朋友相处占据了很多时间，因没有时间与其他朋友相处导致其需要自然减少，其意义也就相应减少。或者当家里的空间用于了一件物品，如床，则放其他物品的空间自然减少，从而其他物品的意义与需要减少。且如果能把决定需要的时间与空间分解为某种单位，则仍然存在等额的递减及相互影响的变化规律。

不过，与人的内在需要决定事物的意义不一样的是，对不同事物的感受对人们的时间与环境条件要求是不一样的，从而其意义受时间与环境条件的影响大小是不一样的，但任何事物的意义都是与人的需要程度成比例的。

比如，食物的消费所需时间短，对空间、环境条件也没有什么要求，且人们可灵活、随意进行消费，这样食物的意义受时间与环境条件的影响就小。而对于许多大宗耐用物品如电视、小汽车与住房等来说，其不仅要求人们有较多的时间，也要求有适宜的环境条件，从而其意义受时间与环境的影响就大。

显然，这种事物的意义因时间与空间相互影响加重了人们的消费递减程度，即当一些事物的相同性越强，其感受所需时间与空间条件要求越高，则事物的等额递减程度就越大，其相互影响就越严重。或者考虑到不仅有相同性因素的相互影响，还有时间与空间因素的相互影响，那么事物的意义相互影响也就变得更加普遍而严重。

这种事物的意义相互递减影响的普遍性导致了感受经济的形成，即如果任何事物都能让人获得较多与普遍性生活意义的满足，并消耗掉可用的时间与空间，人们又何必强调特定的生活追求与固执于某种生活形式？于是，随意生活、享受过程与当时的环境就成为生活的必然。

同时，随着物质文化生活的丰富，许多事物与生活就因相互影响而变得毫无意义，并导致其竞争变得激烈。如各种宗教与知识，都可能满足人们的情感与思想需要，同时又会占用人们很多时间。于是，要让人们选择某种信仰或者知识，就必须要有更多的让人相信与接受的理由以及相应的努力才行，且当信仰与知识越多，就需要更多这种理由与努力，即竞争越激烈。

在信息与交通技术日益发达的今天，各种知识与思

想的传播和接触变得容易，这无形中加剧了各种思想知识的竞争压力，更多的矛盾与冲突也由此产生。

由于事物的意义相互影响，更由于生活的日益丰富，我们会发现不同事物间的意义差别日益缩小，即同样的发展变化与新事物给人的作用越来越小，代价却变得越来越大，人们的生活热情也就越来越小，那么这时提高人的感受能力与改变生活的人文环境就更有必要了。

补充说明：人的需要随人的感受能力与时间、空间的增加而增加，这会使得同样的生活变得更有意义。那么，假设人的需要，或者时间空间增加10%，一个事物给人的满足感会增加多少？是否也为10%？这是一个很有意义的问题，需要进一步分析。

以食物消费为例，假设人们对苹果的消费需要为5个单位，且第1个至第5个单位的享受分别为5、4、3、2、1，这时该事物的作用量为5+4+3+2+1＝15个单位。现在人的消费需要增加1个单位，为6个单位，则第1个至第5个单位的享受分别为6、5、4、3、2，这时5个苹果的作用量为6+5+4+3+2＝20个单位。因此，人的感受增加1/5，即20%，人的满足感就会增加5/15，即33%，人的满足与幸福感就会呈递增状态变化。且我们不难证明，任意基础上的感受能力增加，或者我们用更多一点的时间与空间条件来享受一事物，都会带来相应满足的更大增长。

人的感受能力首先是指人的生理活动所表现出来的感官能力，这比较难发展，且会在较短的时间内满足，因而其意义不大。同样，人们生活的时间与空间也难以增长和改变。而复杂与可塑性强的大脑活动所表现出来的抽象感受能力是有潜力发展的，且因为这种抽象的情感与思想满足强调的是过程，以及由此引发的更多生活意义的联想，故更容易让人的生活变得充实，因而意义很大。

当发展建立在财富的增长上时，我们获得的意义与享受将是递减的，且递减会因生活的丰富而变得日益严重，代价越来越大，而当发展建立在人的感受能力增长基础上时，生活的意义将会递增，人的幸福感增长远大于感受能力的增长。

社会发展不仅是物质的进步，更重要的是人情感的丰富与思想水平的提高使得生活的意义和幸福感能从平淡的日常生活中获得，这样原本平淡与无聊的生活也就会变得有意义起来，简单的生活也能让人产生激情。

生活的意义不在于得到什么，而在于感受到了什么，决定该感受的是人的思想与情感。于是，当我们太关注表面的生活改变而忽略人的精神和思想，沉浸于市场经济与形式上的发展而忽视生命的质量，将会得不偿失。

生活的过程也是人自身成长的过程，如运动促进人体的发展与强壮、感官活动带来感觉能力的提高等。同样，人的思想与情感活动会促进人的理解能力增长、情感的丰富，以及社会的进步，由此更多的生活意义才会被人们所感知。

人的情感和思想在追求与享受中获得发展，这也是一种自然的激励，而痛苦却相反，它会使人的情感与思想受到压制。因此，我们认为人的情感和思想的发展总是与激情和享受一致的。当然好的环境会使得这种发展更有效率，如注重个性与平等的文化、人与人之间有更多的理解与友好等，则人们在生活中就更容易产生美好与激情，从而也使人更快进步。

相反情况就不一样了。如在贫富差距扩大、缺少公平与诚信的社会，一部分人可能过多与太容易获得机会与成功，其成功的意义也就慢慢消失了，生活也会变得平淡；相反，另一部分人则缺少相应的激励而失去生活的热情与信心，并时时因受到伤害而仇视他人，其情感与思想的发展就会受到严重的不利影响。

在人的情感与思想发展过程中，也存在一个边际递减规律，即当人的大脑面对同样的刺激而变得活跃的同时，其总的增长潜力与效率在减小。

因此，不应总以太过相同的事物来刺激人的大脑，即生活不要太单一。我们也不能始终以严格的行为标准来要求他人，这会让人变得平淡、烦躁而没有活力，也会潜藏一些不确定的风险。而当我们能以不同的事物来刺激人的情感与思想时，如能倾听相反意见、变换角度、偶尔犯错、感受一下挫折，或者在压力与紧张中轻松一下，人的大脑就会更活跃，其发展也会更具有持久性。

感觉与思考

为什么老年人与年轻人常发生冲突，其原因就在于老年人的生活经验与知识都丰富，因而按习惯与感觉来生活对他们来说是合理的、必然的；相反，对年轻人来说，他们思想活跃、生活经验与知识较少，于是他们更愿意以个性与思考来选择生活。

尽管每个人的生活环境与条件不同，但可选择的事物都有很多，这就需要我们确定各种事物的意义来选择自己的行为。

人们确定事物的意义时首先是感觉，即以感觉和经验直接确定事物的意义；然后是思考，即在感觉的基础上做更多联想与推理来确定事物的意义。

感觉是人们对事物刺激的本能反应。所谓本能反应，就是人们的自然反应，或者说是人的第一反应，也是人们当时最容易和最愿意产生的生理与心理活动。

如他人做什么，我们会情不自禁地关注与跟随；遇到危险时我们会本能地回避；饥饿时人们会自然地关注食物与想到有什么食物可充饥，或者能从哪里获得什么食物等，这都是人们的第一反应，不需要意识控制的、以感觉与经验来确定的行为。

思考则相反，它是人们对事物意义发现与确认的过程，且在这种发现与确认的过程中需要排除容易产生的表面上相关、实质上不相关的经验联想和当时不相关的感官干扰，这就需要人们有意识地控制其本能与第一反应。这样的控制行为反而成了一种代价行为。

上例中，若我们在饥饿时不满足现有的食物而想要更好的，这就需要寻找和思考，这时不仅要排除容易产生的感官与经验影响，还要从现有的环境与条件重新做选择、从经验中做抽象的逻辑分析。

同样，当我们不想盲目跟从他人时，就需要知道别人为什么这样做，我们应如何做等，即排除容易产生的、他人的选择影响，并评估不同选择的意义以确定自己的行为等，这就构成了努力与代价。

思考是一种代价，且因人不同。于是，当人们思考能力强而又习惯于思考时，对同样事物的思考代价就小而有利于人们选择思考；而当人们对思考不习惯，又总认为有经验可循，并不断地找经验、找感觉时，就会更多地生活在感觉中。

为什么老年人与年轻人常发生冲突，其原因就在于老年人的生活经验与知识丰富，此时要让他们排除经验与习惯对生活的影响就很困难，因而按经验与感觉来生活对他们来说是合理的、必然的；相反，对年轻人来说，他们思想活跃、生活经验与知识少，于是他们更多以思考和个性来生活。

这种代沟在社会发展较快的工业化时代表现得尤其突出。此时，社会更多地激励年轻人个性化生活与创新，而老年人并不能很好适应这种变化，并有意或无意地以自己的经验和感觉来压制年轻人适应这种变化，从而导致两代人之间的矛盾冲突。

那么，对于事物的意义我们是靠感觉还是思考来确定呢？这就形成了思考的经济性问题，即人们对事物的思考代价应小于评估后做出行为调整所产生的作用增加量，这样的思考才是经济合理的，否则，人们就没必要去思考。

如有 A、B 两种事物，其中 A 事物的作用量为 50 个单位，B 事物作用量为 30 个单位，而人们思考代价为 5 个单位，则人们经过思考后选择 A 事物可获得的作用为 $50-5=45$ 个单位量。而人们不思考仅以感觉来选择，则平均获得 $(50+30)÷2=40$ 个单位的作用量，小于人们进行思考后所获得的 45 个单位的作用量，故人们所做的思考是经济的，也是值得这样做的。

而当人们的思考代价为 10 个单位时，进行的思考就不经济了，即人们没有必要思考了。

生活中，事物意义的确定首先是从直观感觉开始的，然后再考虑思考。然而，即使在这种思考活动中，由于人的认知有限，人们仍需不断地在事物的某些方面与某些环节进行较多的感觉评估。

如对于一个人的认识，我们首先获得的是其外貌与言行这些直观信息再联系经验来认识，而当我们觉得有必要更准确地认识时，就要进一步观察与思考了。然而，即使这样的观察与思考仍存在许多以感觉来辅助思考的情况。

一般情况下，当事物意义的评估、思考代价太大，或者人们根本不可能进行评估，或者对于重复与相同性大的事物没有必要思考时，其行为就以感觉来进行。

然而，完全的重复在生活中是没有的。从某种角度来说，感觉也常常是一种盲目的行为，因而在生活中就时常可能出现看似相同、感觉正确与理应如此而结果却是错误的情形。

有学者做过相关研究，得出的结论是人的行为90%以上是无意识的，即人们所做的选择90%是习惯与本能的反应，也就是由人的感觉来决定的行为，造成了太多的盲目性与不合理性。

举例来说，我曾经到一家商店购买了一个几元钱的小物品，感到店主态度很好，价格也便宜。现在我要买一个几百元的大物品，我仍选择这家商店，这就是盲目地凭经验、凭该店价格便宜及当时店主态度好的感觉而选择它。

这就忽视了这样的问题：该店大物品是否也比其他店便宜，品质与售后服务能否得到保证等。也就是说，仅仅因该店很小的相同性特征，就得出长期态度好与更大范围内做到价廉物美的结论是有问题的。

随着生活节奏的加快与对效率的更高追求，人们常常会以更少的相同经验来决定更大范围的选择，如以 5% 的相同性来决定 95% 的不确定性，或者看似相同而盲目地以感觉来生活，从而有把本来该表现为思考的行为变成了顺从感觉的趋势。

这就是说，人们可能过于相信经验与感觉，并主观地认为自己的经验具有广泛的适用性，或者相信朋友、崇拜明星与权威等，总认为他们的言行都是正确的，自己完全可以效仿而不做思考。这都是有缺陷的，而且可能导致错误与危险。

一个普遍性的盲目行为是从众，就是人们以他人、以多数人的行为作为选择标准，特别是以自己所信任的亲人和朋友，或者所尊敬与喜欢的人为标准，总认为他人所说、所做的是对的，是经过思考的，于是自己没有必要多做思考而做同样的选择即可，错误也就可能由此产生。

如抢购，人们总有跟随他人购买的冲动而未对其所购物品的功用、品质与价格等做更多思考。不难埋解，抢购的人越多，盲目性就越强，这也是经济波动的原因之一。

生活中的重复越多、行为习惯越久，或者跟从者越多，人们越有可能凭感觉来生活，改变与思考也就越难产生，危险与危机就更可能出现。如一些老年人或者长期在位的领导越来越固执，并让人越来越反感。同样，当我们在强调历史悠久、文化悠长而沾沾自喜的时候，也可能因为产生盲目的情绪与固执的情感而失去发展的机会。

但是，当思考或者进一步思考没有必要时，这也是一种理性与经济性要求的表现。而这时处处思考、精益求精与追求完美却是自寻烦恼，这也是一种非经济性行为。

为什么我们不能斤斤计较？为什么企业常常不能使利润最大化？其原因就在于斤斤计较与追求这种利润最大化的代价很大，是得不偿失的行为。

我们常常更相信第一印象而不是更多的思考，因为更多推理可能建立在假设等不确定性的因素基础上。这样，不仅思考的代价大，且难有理想的结果，如西方的金融危机，常常是其顶尖的学者也没有预测到的。

有人经过研究发现，如果我们与陌生人打交道的第1秒内，就对对方的可信度、攻击性和吸引力等做出了判断，即以大量的感觉与较少的思考和评价完成了对其的认识，那么即使给你更多的时间来考虑，也很难使你改变看法，因为进一步认识太难，不确定性太多。

因此，必须合理掌握生活中的感觉与思考，既不能固执与自信，也不能太追求完美与精益求精。

在事物的意义确定过程中，感觉是基本的、绝对的；抽象思考是相对的，是在特定的情况下才会产生的。

同时，思考也需要相应的时间，且当人们对一事物越陌生（与经验的相同性小）、事物越复杂，则所需评估的量就越大，时间也会越长；反之，时间则短。而我们认为感觉是不需要时间的。道理很简单，如果感觉需要时间，而在这段时间内人们又需要完成特定的行为，这就构成了一种约束与代价。于是，我们认为感觉是一种不需要时间或者是一种极快的程序性生理反应过程。

生活中，一个人的行为是以感觉来进行还是以思考来进行，不仅取决于事物本身，也取决于人的经验与能力，还取决于人们当时的环境与情绪。

当人们受到的环境刺激越大，人的情绪化反应越严重，人们以感觉来对待事物的可能性也越大，因为这时人们要控制被激活的情感更难；反之亦然。

问题在于，情绪化行为不是产生于人们理性的态度与一贯的经验，而是产生于当时被激活的某种情感与经验，这就让人的这种情绪化感觉具有很强的偏见和盲目性。

如人们之间发生冲突时，我们常常会不假思索地站在自认为弱者与亲近者一边，而对其原因以及干涉的结果我们却不愿去多想。或者更严重的是，即使一个朋友与亲人说了一句不尊重自己的话，就可能激发不友好的经历再现与仇视的情感而产生不计后果的对抗。

同样，在突发紧急情况时，人们很容易受环境刺激而采取情绪化行为。因此时不仅人的思考能力降低，同时抽象思考也需要时间，若紧急事件所发生的时间短于思考所需时间，人们也就不可能采取理智行为，于是人们在紧急情况下更容易出现盲目与慌乱的感觉行为。

一个人的经验与知识越多，思考的能力越强，其对同样事物所需的思考量与时间就越少，对情绪的控制也就越容易，从而对危机更能做出理性反应。反之就不一样了。因而对紧急情况的处理，能反映出一个人的知识水平、思考能力与心理素质。

显然，容易情绪化与冲动不仅降低了思考能力，也增加了思考时间，从而有效应对危机的机会减少，因而在面对重大问题与突发事件时保持冷静就很重要，特别是在有人鼓动、人与人之间出现情绪化的相互攻击时。

由于事物意义评估代价的存在，更由于经验与能力的区别，所以在社会生活中自然就存在思考的专业化分工要求，如由一些专业知识、经验与能力水平高的人来负责对一些重要的、重复性强的事物进行思考，并制定原则性的行为标准，如政治制度、法律法规等。

事物意义评估的专业化分工与物质生产劳动中的专业化分工一样，就是让不同专业与能力的人做不同的工作，以此获得良好的群体生活效率。

然而，任何事物都是发展变化的，如果我们毫无思考地以经验为标准，对存在与传统绝对地坚持，生活就可能变得很不经济。特别是对于生活在一种良好感觉中的家长与领导来说，总认为自己能力强、自己是正确的，而忽视小孩和他人的合理要求。

同时由于人的知识与能力也在提高，故对同一种事物意义的评估代价在不断减小。显然，当事物的评估代价小于相应行为调整后的作用增加量时，人们对一事物重新进行评估并调整行为就有必要，改变也就必然。

因此，子女小时候认为父母做什么、说什么都是对的，而在他们长大形成独立思考的能力后，就会有自己的生活与行为方式，这时大人们就应正确理解，否则子女与父母的冲突就会增加。同样，在社会生活中，当民众的知识与觉悟得到提高后便有改变现状的要求，压制这些要求就会产生危机。

生活的发展一方面丰富了人的经验与知识，另一方面使得人们在面对太多的感官生活时难以思考，从而人们更多地凭感觉来生活，或者说生活的发展让人变得懒惰了。

这就出现了这样一个问题：既然人们更多或更愿意以感觉和本能来生活，这是不是说明人类又重新回归没有意志的动物性行为的趋势了呢？显然不是。

首先，动物的行为只是其长期演变所形成的生物个性而已，而人的本能更多是后天在生活中形成的经验反应，并受思想影响。

其次，动物之所以更多是按本能与直觉来选择行为，是因为它不能进行更多思考，而人类以直觉和本能来选择行为，是由于生活节奏的加快、人们每天要处理的信息太多。如果对每一条信息都给予关注，大脑就会超负荷反而处理不好，于是将时间与精力用在更有意义的事物上，做更有意义的思考将是一种要求和趋势。

同时，人类总是在不断提高自己判断与归纳总结的能力，并掌握了更多的逻辑与普遍性规律，所以在生活中能以更多的感觉来选择行为。

因而，当我们发现更多人的生活变得轻松，这不是说人类思考变少了，而是社会发展与生活效率提高的结果。

然而，在人的个性与信息膨胀的社会，人们也很容易盲目地凭感觉来选择自己的观点，迷信某些似是而非理论，轻信别人的宣传，并急于表达自己的思想。实际上这是不成熟、没有好好思考的表现。而在多数情况下只要我们多观察、多思考，我们可能会产生另外的看法行为也会变得冷静而理性得多。

最后，由于社会进步，过去那种危机意识与不信任已大大减少，生活中的思考与博弈的情况也减少了。

当然，生活需要好的价值取向与道德环境，这样我们在生活中才能避免矛盾，减少不必要的思考代价而让生活变得更有效率。

经验

经验是适应环境的结果，故经验不仅使生活变得方便，也让人们产生自信与地位。于是，人人都希望自己有经验，也盲目地相信自己有经验甚至假装有经验，这必然会导致错误与冲突的频繁发生。

有人做过一项调查，志愿者在不知道品牌的情况下喝百事可乐与可口可乐，一半以上都更喜欢百事可乐，但当知道品牌后，人们就改变了观点，更愿意喝可口可乐。

在这里，品牌刺激使人的大脑产生了与品牌相关的记忆再现。此时饮料的意义就不仅由其口感决定，还受公司的服务、品牌文化等经验影响，由此人们的选择不再盲目地以当时的口感来决定了。

经验产生于实践，这种实践既是个人的经历，也可通过学习与交流从他人的经历中获得。

经验首先是个人的习惯与偏好，而个人习惯与偏好一旦被大家接受，就会成为共同的行为偏好，即具有普遍意义的文化。

然而，个人的经验能否形成群体共识并演变成普遍性的文化，取决于这种经验的普遍性意义与传播的难易程度。

具有普遍性意义的科学知识与人性化的生活容易成为人们共同的经验和习惯。相反，随意性、特殊性与偏见是难以形成普遍性经验的。而不同环境条件所形成的特定习惯则构成了特定的文化。

语言文字的形成与信息技术发展使经验的总结、交流与传承变得容易，从而有利于普遍性生活意义的文化形成与传播。

经验首先是人们感受的对象，因经验本身产生于人们对生活的感受，只是因感受的转移而成为记忆，但这种记忆因随时会被激活而成为当时的意识，如总结与回忆。

其次，经验是人们认识事物的补充与思考的逻辑。人们对事物的认识总是有困难的，这时经验无疑是一个很好的参考而使得对事物意义的认识变得容易。

如看见一家商店，我们就能知道它卖些什么、商品价位等，因为我们原来去过该店，于是可以事先确定在该店买什么，否则我们还要去了解一下。

又如一个人现在的行为被我们感受到的是诚信，但对此人过去的经验感受却不是这样，这就让我们对他的评价不再盲目，我们的行为也就更理性了。

经验作为思考的逻辑依据包括两种情况：

一是以局部来看整体、以小识大的"概率性推理"。如某人对我们说了点好话、做了点好事，我们就会认为他是好朋友，值得信任，什么事都相信他；一种食物给人以好的感官与味道，我们就认为其营养价值高等。

这种以局部推导整体、以小看大其实仍是一种盲目行为，因为这种推理不严格，是"概率性"的推理，即这仅仅是一种可能而不是必然。

二是将经验作为一种必然的联系来推导事物的意义，这是一种科学与严谨的逻辑推理。如生活健康则身体就会健康，学习勤奋成绩就会好等。

于是，一看到朋友，就想到他的一些习惯与爱好，这是经验的感觉反应，是认识事物意义的补充。同时，根据其一些表现，就产生其生活过得如何、现状怎样的认识，这是一种概率性推理，因为这仅仅是一种可能。而当其表现出迟缓，我们就会认为其身体变差了，或者病了，这就是客观的逻辑推理，因为这是必然的原因与结果关系。这样，通过经验的再现与推理，我们在面对该朋友时就有了合理的认识，并决定自己是否与其相处、如何与其相处。

当然，经验是作为概率性推理还是必然性的逻辑推理有时也难区别。不难理解，一个人的阅历越丰富、经验越多，对事物意义的认识就越容易，其生活就越轻松。

最后，经验除了可作为思考的补充与逻辑外，还可直接作为思考的结果和选择的标准。其原因在于当我们的选择太难，而他人的经历与我们的要求具有较多相同点时，我们就可能以经验作为结果和标准。不过，这也是一种近似的"概率性"推理。

如我想如何生活、理想是什么与如何实现等，这些都可能有些模糊。这时朋友、名人与明星的生活与经历就会对自己的认识与选择产生很大影响，且若其与自己的需要与感觉太接近，朋友、名人与明星本身就可能成为自己奋斗的目标与选择的标准。

凭经验来生活，并不是说人们希望简单与重复，而是为了避免不必要的思考，当然这也不排除一些人安于现状与习惯于轻松地生活。相反，没有足够的经验，人们面对层出不穷的新事物就会因无能力做理性选择而只能使自己处于盲目、慌乱与危险中。

经验常常通过联想对生活产生影响。联想是指人们在受到一事物刺激时与此相关的、具有相同意义的经验就容易被想起，从而对人的思考与选择产生影响。

经历都会留下记忆，即事物特征在人的大脑皮层神经中形成联系，特别是对那些给人刺激大、重复性强以及具有重要意义的事物。同时，通过相同性刺激再现，使人的生活与情感在生活中容易出现相似和重复。

所谓相同性刺激，即生活中完全相同的事物是不存在的，但某方面与某种程度的相同是可能的，由此刺激大脑中相联系的特定区域神经变得活跃而导致相应的记忆和感受容易再现。

如恐怖经历中的特定人物、形状、颜色与气味等就会与恐怖产生联系，而在人们再次受到这些相同性特征事物的刺激时，就会引发恐怖记忆与情感经历的再现。

当生活与经验的相似程度越大，经验的再现就越容易，从而思考与选择就能更多地凭感觉来进行。当生活与经验的相似性达到一定程度，人们就不需要意识控制而形成本能反应，相反人们就只能更多地思考与艰难地选择，生活的无助感就会放大。

因此，当一个人置身于新的工作和生活环境，他因缺少经验而什么都要思考，由于对每一选择都可能要付出很大的代价而感到压力；反之，在其熟悉的环境就随意而轻松多了，因为相同性经验太丰富，认识与选择事物太容易。

另外，联想的难易还取决于人的思维能力。当一个人有较强的意志与想象能力时，联想就更容易进行、并更容易转变成一种感觉。所谓联想就是感受相同性少的事物，而思维能力与思考习惯可使这种联想变得容易。

美国哈佛大学的一项研究表明，当一个人越能详细地回忆往事，他就越容易找到经验与现实的联系，从而对生活的认识与思考变得容易，并因能更集中精力关注抽象和间接的问题而容易创新。因为想象与创新是一种对经验的间接关系反应，而年轻人往往具有这种能力。相反，许多老年人追忆往事都很困难，更不用说梦想了，这决定了他们的生活更多是一种简单的重复，并缺乏新意。

许多看似不同的事物，也存在或多或少的相同与联系，因而只要人们找到了这种间接的联系与很少的相同特征，就能以相应的经验来认识与推导事物的意义从而做出成绩。

经验的逻辑作用其实也是事物间的相同性联想，只是这种相同性太少以及太抽象而需要我们艰难地寻找和感受。

经验在相同性刺激下再现将导致相应记忆神经的活跃与发展，从而使其更容易受到刺激，即能受到相同性特征更少、联系更间接的事物刺激而再现，如此循环，并逐步演变成一种生理特征与某种生物个性而遗传下去，由此决定了生命体的本能特征。

多项研究证明，人类可以在毫秒间快速从对方的脸上获得有关其性格和行为举止等方面的信息，这种直觉与心血来潮其实是人类进化的结果，即在长期的社会生活中对他人肢体与脸部表情信息解读的经验和能力的积累，形成了代代相传的、日益活跃的解读神经。

从对事物的思考与选择，到重复与习惯的经验和本能，最后演变成生理特征并遗传，这反映了人类在适应环境中的进化过程，这种进化的意义在于生活中总有相同与重复性，不需要人们花太多时间去注意，同时有太多的不同与危机要处理，因此人们有必要节约能量与时间以用于更有意义的生活上。

最新科学证实，人的各种生理组织与器官也存在记忆能力，并在相同性的事物刺激下再现，由此影响人的大脑反应。

1984 年，完成西班牙第一例心脏移植手术的心脏外科专家卡拉尔普斯通过研究得出一项轰动医学界的理论：心脏很可能拥有自己的感觉与记忆，并通过大脑传递起作用。他列举了多个患者在接受心脏移植手术后性情大变的例子，且令人惊奇的是他们的性格都变得与捐献者类似。其原因就在于行为不仅是大脑的反应，也有各生理组织的参与，并相互影响而形成某种行为趋势。

经验在人类漫长的进化过程中通过大脑组织的改变来实现遗传，并在现实生活中得到反映。研究发现，人类阶段性行为习惯与经验也会留下记忆，并持续影响人类生活，除非这种经验与现实产生冲突才逐步得以改变。

如在远古时代，男女之间有不同的社会分工，男人负责外出打猎，而在打猎中如果他不能找到猎物并正确估算出距离、速度，他就打不到猎物，全家人就会挨饿。而女人为获得食物，就必须维持家庭与人际关系而不至于被遗忘，特别是与特定男人的关系。

这就造成了男女之间的思维与情感不同：男人的生活主要是用来发现与处理问题，而女人的生活主要是建立关系与维护关系。由此男人形成了独立与沉稳的特质，而女人则倾向于情绪化，喜欢彰显和倾诉自己以求获得关注与同情。

同时，由于男人在打猎中需要不断发现与把握目标，并应对变化与挑战从而激发男人对新事物的热情和对不同生活的体验欲望，由此导致男人的冒险与野性。而女人因依赖于固定的人际关系才能获得稳定的食物，所以必须专一。显然，这些特征在男女平等的今天仍保存着，同时又因其与现实的矛盾而在发生改变。如男人也开始寻找有能力的女人而变得专一，女人可能为了事业而沉稳与独立。

生活是发展变化的，经验也在不断改变。因此，经验虽然使人的生活变得轻松，但如果经验与现实的冲突太大，而人们受过时的经验影响太深，这时经验给你带来的不是方便，而是麻烦与改变。如人们在饥饿中得到食物后，就会形成从哪里获得、如何获得等经验，而当人们再次面临饥饿时，自然首先想到原有食物获取的经验。假设现在食物来源发生了变化，这时人们寻找新的食物就变得困难，也会让人对寻找产生怀疑而造成经验的不利影响。

因而我们不难发现，尽管许多经验与习惯变得毫无意义甚至起着负面作用，但改变与创新仍困难重重。这就要求我们要正确地对待经验，要有开放的心态与勤于思考的能力，毕竟人类生活是建立在认知升级与对环境持续深入的适应基础上的。

经验虽让生活变得轻松，但当需要我们思考与适应新的生活时，过多的经验就会起到负面的作用。这就像我们的生活若要更有意义，就不能太沉浸于当时的环境。

总体来说，经验给生活带来方便，且在经验充分的情况下思考才容易做出成绩，因而积累经验、利用好经验是生活效率与质量的保证。没有经验，或者经验少虽有利于人们思考，但这种思考常常是被动的、盲目而无效的。

因此，经验与习惯既有利于思考和进步也可能阻碍思考与进步，这就需要我们在感觉与思考、在变与不变间把握好。

生活是对环境的适应，而经验是这种适应的结果。因而我们也就不难理解人们在生活中会因有经验而产生自信与地位。于是，人人都希望自己有经验，也会盲目地相信自己有经验甚至假装有经验，这必然导致错误和与他人矛盾的发生。

生活中，我们很容易以自己的经验与知识来理解问题、处理问题。因为每个人都有相应的生活习惯与看似相同的经验而不愿意思考和做出新的选择，这就必然导致人与人、社会与社会的矛盾。

各种观点、思想的融合是需要时间的，但是当信息与技术发展过快，人们要在较短的时间内处理大量复杂的问题与较大地改变自己时，就会导致人们不能很好地适应，矛盾与冲突便是这种不适应的表现。

同样，面对各种不同环境与传统的文化生活，各个国家与民族间自然会产生矛盾，即以谁的经验与思想为依据和标准。显然，谁都不愿放弃自己的经验和思想去适应他人，不愿重新学习与调整自己的生活，从而使得社会化与全球化的生活发展艰难，混乱也就难以避免。

当然，真理的发现与传播也需要时间和过程，我们不能盲目与简单地否定他人的思想和习惯。

　　社会越是发展，人的知识与技术能力越强，其生活对特定环境与经验的依赖就越少，人与人之间、国家与国家之间的生活趋同性也就越大，这意味着在信息化和全球化趋势下各种经验、传统的冲突就会更多地产生。

　　因而，现实生活中的文化冲突与战争，实质是相对技术的过快发展，人的思想还没有准备好，或者说是我们对物质与技术的重视多于对思想的重视而导致的人们不能很好理解与处理现实的结果，是我们的思想发展落后于技术发展的表现。

生活中的基本规律

一切事物都有各自不同的存在形式与运行规律，人们在生活中也有一个基本规律，那就是"经济规律"，表现为人们在生活中无论面对什么事情都要考虑自己能获得什么、获得多少与付出什么、付出多少，从而确定该事情是否值得去做、做到什么程度等。

生活就是感受，是各种事物形成的意识总和，而事物的基本特点是其具有能对人生活产生影响的意义。

不同的事物，它们给人的作用与影响是不一样的，从而决定了人们对各种事物的态度不同，如面对令人痛苦与厌倦的事物，我们总是想回避、消除，给人享受与舒适的事物，我们总是想更多地感受和追求。

而在满足这些生活需要的过程中，人们必须完成特定与特殊的行为，由此构成令人痛苦的代价。

因此，生活需要评估与选择来确定一个合理、最佳的安排，即先做什么、后做什么，要做什么、不做什么以及做多少、怎么做等，以使自己从中获得的享受与满足尽可能多些，而其痛苦与代价尽可能少些。

人们力图以最少的痛苦与代价实现最大的享受和满足就是生活中的基本规律，我们把它称为生活的"经济规律"。

无论什么人，无论其地位与知识背景如何，他的行为都遵从"最大、最小"这一基本经济规律，表现为人们无论面对什么事情，都要考虑自己能获得什么、获得多少与付出什么、付出多少，从而确定该事情是否值得去做、做到什么程度等。

如婚姻，在人们做选择前要评估的是人们从婚姻中得到的是温暖与寄托等作用，然后是人们必须为此承担的各种支出与责任所构成的代价，且当人们得出婚姻给人的作用大于其代价的结论时，人们就会选择结婚；否则，若婚姻给人带来的作用小于其代价，则人们就会选择独身，至少暂时独身。

人们日常生活的经济性就更普遍，如人们总想以同样或更少的钱购买更多的物品与获得更大的消费满足；人们去工作，总想找最轻松、最适合自己做的且收入又多的工作；而人们要去某个地方，总是想找最好的路径并选择最方便的交通，以尽量减少路途的艰辛与花费的时间等。

然而，由于每个人的生活情况与要求不同，对同样事物就会做出不同意义的评估，同样，生活就会表现出各不相同的、对人们来说却都是"经济"的、自认为理性的行为选择。

为此，生活的经济性应该有公认的标准与原则，以指导人的行为。

首先，我们的选择与追求应科学合理，这样在人们获得享受的同时身心也会变得健康；反之，人的身心就会受到伤害。

如一些食物，尽管我们很喜欢，但对人体有害而不宜多吃，于是这种口味的感觉与身体健康的矛盾就需要人们注意。又如一些药物与批评尽管让人痛苦，但因能给人治病与警示而对生活有利我们就应该接受。

其次，人们对生活应具有长期性与整体性考虑。所谓长期性，就是指一事物的意义应从较长的时期来考虑，甚至从人的一生而不能只考虑眼前利益。所谓整体性，就是指不能孤立与片面地认识事物意义，而必须把相互联系、相互影响的各种因素综合起来考虑。

如人的自私与不道德行为，虽然从短期与局部看他可获得个人利益，但从长远与社会的角度来看，其不负责任的行为使得周围的人互不信任、人人自危而导致每个人的生活代价增加，所以该行为是非经济性的。

最后，人的行为选择应有利于自身的发展与社会的进步，且这种发展与进步表现为人情感与思想的丰富、技术和知识水平的提高，并由此创造出更丰富的物质文化，人们能享受更多的意义。

于是，当一个人的行为与选择符合社会公认的经济标准时，其生活才可以获得更多的享受与更大的意义，社会也才会获得稳定、健康的发展，我们也因此称之为生活的经济性程度高，生活有理性；反之就称之为生活不经济与行为盲目。

然而，即使存在着这样的行为标准，其选择仍存在不确定性。

其一，尽管人的实际需要在多数情况下能本能地感觉到，但物质世界极其复杂，人们很难准确、充分地认识其意义而采取完全正确的行为，因而人们只能在知识与能力提高的基础上使自己的行为更趋合理。

如抽烟，它能满足人的一时生理与心理需要，但随着知识与技术的进步人们逐渐发现吸烟有害身体健康，从而要求人们放弃抽烟。

其二，一个人的行为到底应在多大程度上为自己、在多大程度上为别人，或者人们多大程度上考虑当时的需要、多大程度上考虑长远利益也是难以界定的，这最终还是取决于人们各自的感觉。

这些选择的艰难与困惑，其实质是相对人的知识与能力，事物意义认识太难、评估的代价太大，因为思考也是一种代价行为，且当这种代价大于人们因此调整行为后的作用增加，人们的评估就不经济，从而人们也就不愿对该事物进行更多、更准确的意义评估了。

所以，当一个人凭感觉来生活，我们并不能说他的行为不符合经济性规律，生活没有经济性要求，因为这正是经济性规律作用的结果。

　　人们凭经验与直观感觉来生活，也称为"无意识行为"，其产生是因为意识的启动是一种代价，于是当一些事物的选择意义不大或者太复杂时，人们就会减少和回避思考而凭经验与本能来生活，故无意识行为也是潜意识经济性要求的反应。

　　因此，生活中斤斤计较、患得患失与要求完美等反而是不经济的，这样会导致生活太累与太苦而不是轻松和愉快的。

　　生活中影响与约束人们行为的法律、制度与道德等，是人们共同而基本的生活行为准则，人们只需按这些原则与要求来生活而不必做相应的思考即可获得较高的经济性。

　　而作为社会法律与制度的制定者，又可看作社会生活中重要的专业化评估者，即思考劳动分工的结果。因为他们的能力水平高、专业知识强而对重要与社会性强的生活意义评估代价低，于是由他们提出与制定宏观的生活原则就经济得多。

　　然而，我们应当认识到事物都是发展变化的，于是当一些习惯与原则不能适应变化的要求时，人们按这些习惯与制度来生活的经济性程度不仅低于按当时的专业化评估者所制定标准的经济性程度，甚至低于大众自觉生活的经济性程度，这时这些习惯与制度就落后了。于是，不断思考的能力与开放的态度就显得十分重要，因为它是保证生活经济性程度的最经济手段。

　　人们"以最小的代价获得最大的享受"的行为，不仅是一个静态的选择过程，也是一个动态的创造过程，表现为人们总是力图以一种新的、创造性的方法来减少生活的代价并增加生活的享受。如技术的发展，一方面可增加人们的享受内容，另一方面可减少生活的代价，因此我们认为发展是持续性提高生活经济性程度的手段。

在生活的发展过程中，人的知识与能力持续发展使得生活效率即经济性程度不断提高成为可能，而在人的知识与能力发展过程中，教育与资本起到了决定性作用。

量化的市场经济既是经济生活的重要内容，也是生活经济性要求的必然结果。人们通过分工与交换，可以以更小的代价获得更大与更多的生活享受。其中货币的出现，不仅使交换变得容易，还有利于人们跨时间生产与消费，从而使生产与生活的经济性得以进一步体现，因而我们说市场是经济生活的有效形式与提高经济性程度的有效工具。

然而，现实的问题是由于市场经济以一种数量化的、可感官的社会形式出现而极易刺激人们产生狭隘的物质情感和思想，让人们觉得只有市场行为与货币化的生活才是经济的、理性的，人们由此误入歧途而变得斤斤计较、唯利是图，排斥更美好的、经济性程度更高的生活，如平等、友情与责任等，显然这是令人遗憾的。

于是，作为研究人类行为规律的生活学应着眼于普遍性的生活意义与规律的分析，而不应被局部的市场经济与表面的物质生活所误导。当然，由于物质生产、生活的重要性与社会性，把市场作为重要而特殊的研究对象也是很自然的。

最后，生活中的环境与文化，如公平与法制，它们不仅有利于市场经济性的发展，更重要的是它们能保证人性的健康，其本身就是经济生活重要而基本的要求，我们应重视而不是忽视甚至排斥它们。

第二章

生活是一种心理感受

生活是一种心理感受，因而生活的理论必然是关于人的心理活动的分析。

感受

　　我们可把生活分为重复与变化两个方面，其中人们感受到的是变化与不同，而人们对重复的事物不愿感受，其原因一是它平淡且没有多大意义，二是重复的事物太多也让人们难以感受。

　　生活依赖于环境与经验，以至于人们一旦缺少这种适应了的环境与经验，就会感到无助与恐慌。这就要求我们要尊重他人的习惯与不同社会的文化。

　　我们做什么、想什么与感觉如何等，其实都是一种感受。

　　感受是人的大脑对事物刺激的反应，而人的行为是这种反应的表现。反过来说，不管世界有多精彩，一事物对人们来说有多大的意义，如果没有为人们所感受，就不会对人的行为产生影响，也就相当于不存在。

　　因此，我们说事物及事物的意义都是感受的结果。

或者说，只有为人们所感受的事物，才能影响人的行为并构成生活的内容，其人生也就是各种事物感受的总和。

感受最基本的方式是感官，表现为人体对物质形状、温度、颜色、味道、声音与运动变化等的体验。

此外，是理解。理解是人们对事物意义的抽象认识，也是人们在感官基础上进一步感受的过程。

比如今天的气温高，首先给人的感受是热，其次是理解，即对今天热的原因进行抽象认识，并因此调整生活。

然而，世界如此丰富，能对人产生影响的事物无处不在，而我们感受的机会、能力与时间很有限。那么，我们的感受是如何产生与选择的呢？显然这是一个非常重要的问题。

感受产生于人的需要，这包括生理的、思想与情感上的。于是，当事物能满足人的需要，人们就会产生感受的热情；反之，当事物不能满足人的需要甚至给人痛苦，则人们感受的热情就会降低，或者回避。

补充说明：事物给人痛苦首先是指事物本身给人的感觉，如疼痛、不适与艰辛。其次是指感受的机会损失，即没选择到更好的所构成的代价，显然感受的代价产生于感受的过程与事物意义的多样性。而总的感受是使人们获得满足的，如去看一部电影，买票、行走与拥挤等构成了代价，但总的还是一种能满足人需要的享受。

世上有太多可满足人们感受需要的事物，而人们实际能感受到的与愿意感受的毕竟很有限，原因就在于对许多事物的感受太难、代价太大降低了人们感受的热情与可能性。

如远离我们生活的事物是很难让人感受到的，因为这需要我们付出金钱、时间与路途的艰辛去寻找和接近，这显然是一种痛苦的、人们不情愿的代价付出过程。

而能够近距离轻易感受的事物就不一样了，因其能给人直接的刺激而让人难以回避，比如，一些能看、能听、能闻的事物，它们给人的刺激越大，人们回避这种感受就越困难，即越容易感受。

信息化与交通技术的发展减少了因距离而产生的感受代价，为我们感受更多美好事物提供了方便，生活也变得更有乐趣和意义。

同时，抽象、平淡与重复的事物不容易为人们所感受，因为这需要人们用心去发现和区别，增加了感受的困难而让人回避。相反，可感受的、形象的、特别的事物，或者特殊生活事件等容易为人们所感受。

如食物的味道我们是容易体验到的，而食物的营养成分、饮食文化等就必须靠我们去寻找、发现和理解，这样我们就不一定能感受到，也可能不愿去感受。

又如，尽管空气品质对人的生活很重要，但它太抽象而平淡，所以因难以给人感官刺激而不被重视，直到我们开始重视生活的品质与环境，或者技术进步使我们容易对其进行观察与感受时，我们才开始关注空气品质与人的健康之间的关系。

感受的需要与感受的痛苦和代价决定了人们愿意感

受什么、不愿意感受什么、愿意怎么感受与感到什么程度等行为选择。

因此，尽管一事物具有很多的意义，能让人产生兴趣与欲望，但缺少为人们所感受的条件与机会，或者因感受中给人较大的痛苦与不适，也会导致人们感受不到与不愿感受的情形。

比如，一个人的长相、才干如果没有展示手段与机会就没有多大的意义；相反，好的长相与才干一旦被包装、宣传以及更多地展示，就让人容易感受、愿意感受，其意义才能充分地表现出来。

或者，即使是好意的关心和帮助，但方法等不对也会因让人感受到痛苦而难以被接受。

于是，对于一些重要的、很有意义的事物，我们创造感受的条件与机会就显得很必要了，如宣传、组织活动与奖励等。反之，对有害的、无聊的事物，我们就可减少让人们接触的机会或增加感受困难度，让人不愿感受，或者不能感受到，如隔离、负面宣传与打击等。

在决定一个人在生活能受有所感受的因素中，事物的新颖性，即变化与不同是一个重要而基本的因素。其原因有两个：一是变化给人刺激，从而让人容易感受；二是变化本身也是人们感受的需要。

我们可把事物分为重复性与新颖性两个方面，其中给人们感觉刺激的是变化与不同，它们能给人强烈的感官刺激与提示等，如气味对人的刺激与他人的攻击、反复的宣传等，人们不感受都难。

而人们对重复与平淡的事物难以感受，也不愿感受。其原因就在于它们没有多大意义，或因其意义在生活中已得到展现，或者平淡的事物太多，人们也无法一一去感受。

像且周期和重复性的一日三餐，我们可能仅仅作为一种习惯而没有必要去注意，除非食物内容与味道有变化而给人刺激，或者人们对其有新的认识，如发现长期食用的食物具有某种免疫功能，这时人们才会去关注，即事物的新颖性特征才是导致人们去感受的原因。

于是，为了让人感受与容易感受，人们除了通过形象、直观的展示与宣传外，常常还会说明其特别之处与不同的意义，如宗教意义、名人接触与重要的历史事件等。或者以不同的方式来说明，如做宣传时常用特别的画面与语言来表现、用最新的技术手段来展示等，其目的是使一事物尽可能给人感受的机会与兴趣而让人们愿意感受、容易感受。

研究发现，当一个人的名字简单而美妙时，人们就更容易接受他，其原因就在于感受容易、愿意去感受与记忆；相反就不一样了。

变化不仅让人容易感受，其本身也是人们所需要的感受内容。这是由于人类在长期应对环境的过程中所形成的对新事物的敏感、对变化本身的热情与对新事物的喜爱。如人们在生活中的好奇与围观，原因就在于预期有新的东西可欣赏。

人类对新事物的体验需要也可解释为什么生活中一

些令人恐惧、厌恶与不适的事物人们也感兴趣，并想去感受。如死亡游戏所产生的感受矛盾心理，其原因就在于人们既有回避死亡的本能反应，也有对死亡的好奇，甚至有一种体验死亡的冲动。

不同的事物总会以不同的形式存在与表现，于是变化与不同意味着有新事物与新的意义产生而引发人们的注意。

如同事平时对自己都很友好可今天却不这样，这自然很容易让人警觉与好奇；相反，与往常一样我们就不会在意了。

一事物若有更多与更大的意义，自然会以更多不同的形式出现，人们也就会给予更大程度的关注与热情。

如一学生平时成绩差，但一次考试取得了好成绩，自然让人称赞，而突然变得很优秀起来自然会引起更大的关注，因为一定有人们感兴趣的重大原因。

事物的新颖性表现为三个方面：

一是不同性，即在同样的生活中所表现出来的不同，包括事物的组成、结构与存在形式。

如食物在制作方式、味道与表现形式等方面的不同就是其新颖性表现，且这种不同程度越大意味着其新颖性越大。

二是相对性，即变化与不同是相对于原有的重复和标准而言的，于是原有事物的存在越普遍、重复性时间越长，则其变化与不同所具有的新颖性就越大，其意义与对人的刺激也就越大。

　　如一个人在多数情况下吃的是饲养的猪肉，而今天吃上了野生的猪肉，就会感觉有很大的不同，其味道、营养、制作方式与来源等都会让人感兴趣，且以饲养猪为食物的时间越长与越普遍，这种变化的新颖性也越大。

　　这也容易理解，当更多的人越是长时间习惯于某种生活，其生理与心理就越适应，人们也就更加地习以为常，如果这时发生的变化给人的刺激与影响自然就越大。

　　三是敏感性，即人的大脑神经对某些事物感受所表现出来的活跃性，这种活跃是由人的习惯性需要、经历与环境、生理特点与心理个性等众多因素决定的。

　　人们很在意自己的收入与地位，其原因在于这是人们经常谈论与关注的问题因而自己也变得特别在意，或者收入与地位的变化对自己的生活产生过重大影响而让自己敏感，又或者收入与地位蕴含着太多的意义等，这样人们自然对其敏感且容易感受。

　　研究发现，人们对他人的脸部比对其名字更感兴趣，并容易形成记忆。其原因在于直观，人们能从他人的脸部了解很多信息从而形成偏好与敏感的神经。

　　敏感性也可能是人们当时的情感反应，即当人们受到某一事物刺激时，相应的情感与思想就会被激活，与此相同的事物也就容易被感受了。

　　如某个人被表彰，或者对自己说过好听的话，我（们）对他本人及其优点就变得敏感，他的行为就容易被接受，而对其缺点就容易被忽视；反之也一样。

　　同样的新事物，当我们有越大程度的敏感性，则受到的刺激就越强烈。如对于食物，当人们还处于普遍的饥饿状态时，或者有过严重饥饿的经历，或者人生中有太多相关食物的记忆，如有人谈到过该食物的有趣故事等，人们就会产生更强烈的感受；反之，人们就不会这样在意了。

于是，当明星不仅有好的长相与歌喉（变化与不同），又很久没有这样的明星出现（新颖性增强），他们还有很好的智慧与道德（更多意义），或者还有一种自己偏好的文化风格，与自己有过相同经历（敏感性强）时，则自己受到的刺激与对其关注的热情就大，也会持久。相反，即使有好的长相与歌喉，而无其他更多意义与敏感性，人们可能没多长时间就感到无聊了。

生活中，人们最容易与最先感受的是给人刺激大、能满足人的需要的特别是具有持续新意的事物，即使遥远而感受困难，人们也愿通过各种途径去感受。

相反，尽管能满足人的需要，但表现却重复与平淡，人们也难感受到或者不愿感受。

现在的生活太丰富，人们的随意性又太强，因而如何让一事物给人们以兴趣与影响就变得更有意义了。

像礼物，如果平淡而重复，即太大众化，收礼者也可能忽视礼品的存在与意义。相反，若礼品或者送礼方式有点变化就不一样了。如蛋糕上别出心裁地插上一朵鲜花，花的意义不仅是本身给人美的享受，更在于这种特别的组合刺激与由此引发的人们对礼品和送礼者的注意。

这就可能形成新颖性与礼品意义所引发的持续感受：礼品上的鲜花刺激很容易让人们对礼品与送礼者给予关注；反过来说，没有礼品与人本身的意义而只有鲜花，也会平淡，从而进一步感受缺少内容。

同时，我们也不难理解，当送普通礼品的人越多而礼品越稀奇，这种不同又是收礼者所喜欢的，则这种变化给人的刺激与影响越大。

在一些国家的总统竞选中，竞选人常以新面孔出现就在于这能给人更多刺激而让人关注。同时通过媒体与公共场所的活动能让大家容易感受到，并以简洁而刺激的语言，反复强调自己的观点以降低人们感受的代价，树立自己的形象。选择大众敏感的问题能对人的投票产生更大影响。而太深奥的语言、太复杂的逻辑、太深层次的思想，尽管真实而科学，但也可能因人们不易理解与不愿理解而对人的投票产生有限的影响。

这就产生了政治家与思想家的不同：政治家需要语言与表现能力，需要有影响力的宣传、鼓动技巧；而思想家就不同了，他们需要的是抽象的逻辑思考能力与孜孜不倦的研究能力。他们习惯于深入系统地理解而不是简单地看问题，并因说出让人痛苦的真相而让人们对他们所说的缺少感受，甚至因让人难以理解而被排斥，除非人们感觉到问题的重要性与严重性才会有所关注。

显然，人们容易受简单、情绪化语言及意义影响的情况也是令人担忧的，这是选择与民主的缺陷。

人类自有了感官与思想后，就有相应的感受与思考的需要，并形成了事物意识与对生活意义的探索。而变化与不同既是感受的需要，也是人们容易感受的原因，但是这种变化也不是人们可以臆造的。

生活是对环境的适应与依赖，因而尽管人的大脑已变得十分活跃，思想日益丰富，但人的感受仍是建立在赖以生活的环境与经验基础上的，以至于缺少这种适应了的环境与经验，人们就会感到无助与恐慌。

于是，对于美妙的故事、宗教与幻想，或者再先进的理念与制度，若要人们产生热情就必须让其与他们的现实生活产生联系，否则人们是很难感受到的，也是人们不愿感受的。因而对于一些外来文化或者想法等，尽管其能给人以刺激，也很有意义，但人们也可能会觉得太陌生而产生恐惧与抵制。

生活首先是人们对自身所处的环境进行感受，这是由于环境不仅能给人感官刺激而容易感受到，而且环境本身也具有持续变化的特点，因为环境总是变化的。同时自身所处的环境对人们来说总是有意义的，故其最容易被人们感受与持续关注。

抽象的事物与离现实较远的生活，是人们在感官基础上的进一步感受，或者说是感官感受的延续。而其经验与知识，是这种感受延续的表现。

然而，决定感受的需要产生于人的情感与思想。因而没有人的情感与思想，无论什么事物我们都不会形成具有连续性的行为意识。

相反，当人的情感与思想发展了，就会对生活产生更多的感受需要，这样即使面对不变的环境与同样的事物，人们也会感受到不同而产生热情。同时人的思想发展导致感受代价降低，人们也能进行更多的事物及意义感受。

这就是说，变与不变、事物是否具有新颖性是相对于人的情感与思想来说的。人的情感与思想水平是决定感受的基本因素，表现为人们对事物愿意及能够感受的有多少。

从理论上讲，完全重复的事物是不会给人刺激并引起人注意的，但完全重复的事物又是没有的，在许多情况下人们能否感受到生活的新颖性与事物的意义，就在于人们是否有相应的情感与思想来感受。

假设一个人走进一个新的社区，可能有两种表现：一是兴奋与热情地生活，如与人聊天、欣赏花草等；二是无聊与不适应。

是什么原因导致这种生活行为的区别呢？是情感、思想与知识差异。前者因有丰富情感与思想而容易对新环境产生激情，同时思想与知识也有利于事物意义的发现，降低了感受的代价，如可以更多地理解花草的意义，可以找到更多的话题来与人交流等，这些都增加和延长了他的生活热情。

显然，一个人的情感贫乏，对这不感兴趣，对那也没有热情，或者感兴趣后又因缺少相应思想和知识来做更多理解、交流，其生活乐趣与意义自然就少。

在一定的时期，人的感受需要表现出一定的程度与量，即感受的能力有大小。从感官的生理能力来说，无论是吃穿还是看与听等，都存在一个可承受的量。同样，人的心理活动所表现出来的感受能力也是有限的，因每一种感受都需要人的各种生理组织参与，因而当人们感受一事物后，对其他事物的感受能力与需要就会降低。

于是，当人们在听与看或者在思考时，由于人的需要得到一定程度的满足，自然对其他事物的感受需要程度下降，即其他事物难以引起人的注意。

人的感受能力是在感受中发展与提高，这就像运动导致人的体能增强，感官与思考导致人的感官和思考能力增强，因而人们在生活中有自己所喜爱的事物与能受到刺激就显得很重要。

生活就是为了感受美，于是当有美的物质刺激人们，生活的热情就会增加，从而产生更多感官与理解的需要，人与人类因此获得发展而对生活与美有更大的感受欲望。

反之，当人们总是面对令人痛苦与厌倦的事物，如他人的持续伤害、生活的单调与太多的压力等，人的情感与思想就会受到不利的影响，这也是人们力图回避的。

享受美是人的生活目的，发展美是人的被责任。显然，这种美不仅是财富与技术，更是生活质量的建设，且后者才是发展的本质。

感受印象

　　我们生活的世界太大、太难懂，所以只需要在有限的时间里获得好的感受即可，但这也导致了人们以表面的印象，甚至假象来生活。故而生活中随意性与欺骗的普遍存在，而坚持原则、追求真理有时却显得不必要。

　　有一种被西方热烈讨论的"视觉道德"现象，即你驾车时发现前面有行人，你会急转弯，但此时转弯所面临的危险与造成危害更大，因为侧面有更多的人。但你因为之前没注意侧面的人，所以还是转变了。
　　是什么原因导致人们做出这种危害性更大的选择呢？因为当时的感官反应，即印象深刻的视觉支配了你的行为。侧面虽然有更多的人，但因为没有视觉刺激而难以影响你的行为。
　　同样，当他人遇到危难时我们常常不会在乎他是谁，甚至有可能是坏人与敌人，我们都可能会给予帮助，以至于人们会心安理得地说，自己当时的行为是人人都会如此的。

生活是一种感受，而感受不仅是人们感受了什么，还包括感受到了什么程度，即感受不仅是对事物本质的认识，更是对事物印象的获得。当人们对一事物的印象越深，人的行为受其影响也就越大，反之则越小。而无印象的事物对人的影响就不存在了。

于是，即使身边的人暗中与你为敌，但如果你不知道就不会影响你与他的友好相处，即事物的意义大但给人的印象为零，其对人的行为影响就为零。相反，很小的事情，如一个平常的、很小的遗憾，与他人一个小的争端甚至他人一句不友好的话等，如果你太在意，总是去想，就会对你的生活产生很大的负面的影响，如产生严重的挫败感与敌对的情绪化冲动，即事物的意义虽小，但印象大，故人的行为受此影响便大。

其实，人的行为时常受事物感官刺激与表面印象的影响，且严重时还会激发人的情绪化反应，即被眼前的事物与简单的意义所掌控。

生活中，许多固执的追求、与人激烈的争吵常常不是因为这些追求和输赢对自己来说有多么重要、正确，而是因为你深陷于一种狭隘的情感与思想里。相反，真正重要与正确的事物却因为我们没有印象，或者印象不深而对其不予重视甚至盲目排斥，这是非常令人遗憾的。

我们可把一事物对人的影响更具体地表示为事物意义与印象的乘积，且如果用 K 表示其意义，用 Q 表示其印象，事物对生活的影响量也即决定行为的感受量用 P 表示，则 P = K×Q。

于是，前面是陷阱因而功能 K 巨大，但因为你不知道所以印象 Q 为零，两者相乘为零，即你仍会若无其事地向陷阱走去。一句话，几元钱虽小，但你很在意，以至为此丧命，即事物印象 Q 很大，两者相乘很大而导致行为的反应大。

这是重要的生活规律，即一事物对人的影响不仅取决于你感受到了的意义，更取决于事物给人的印象，且与事物的意义和印象的大小成正比。

因而同样意义的事物，若能给人更多刺激与印象，其对生活的影响就会更大，即意义可通过印象与印象增加来给人影响，这也是广告宣传的意义，即平淡与重复的品牌宣传也能给人带来较大影响的原因。

除了人为地增加某些事物印象来给人带来更大影响外，似乎有些事物本身就容易给人刺激而形成印象，如特殊而可感受的事物、可感官的物质与特别而可体验的生活等；相反，平淡、重复与抽象就常常难以形成印象而会被人忽视。

有学者做过这样的研究：若有 80% 的叮能赚 15 万元，有 20% 的可能 1 元钱都赚不到。同时有一定能赚 1 万元的机会，此时人们常常会选择后者，尽管选择前者的收益更大。

造成这种不理性选择的原因在于，成功与失败作为一种特别的事物、特定的生活形式能给人较大的刺激而形成较深的印象并影响人的行为。相反，数字与概率大小，因太抽象、平淡而给人的刺激和印象较少。于是，尽管 1 元钱都赚不到的可能只有 20%，但给人印象较大的失败感仍会刺激人的大脑神经而让人望而却步，相反也是这样。

生活中有很多这样的情况，如公开报道某国家、地区或者某企业有不好的事情发生，尽管这种情况很少，但敏感与特殊性高的事件仍会给人们留下很深的印象。

由于能给人影响的事物与意义是无限的，而实际能给人影响的事物与意义却很有限，因而我们可明显感觉到事物印象给人影响的重要性。

一项最新的调查显示，在高度文明的美国相信科学的人不到 60%，如对达尔文的进化论只有不到 60% 的人相信。其原因就在于，生活中的宗教、迷信与各种奇谈怪论太具有刺激性与娱乐性，人们很容易产生兴趣与热情而形成较深的印象，由此给人造成较大的影响，甚至认为这些才是真实的和可信的。而科学与科学精神就显得很抽象，人们不仅感受困难，且常常难以感受到实际意义，故对生活的影响小，甚至人们不承认科学的存在。

世界是如此的丰富多彩，构成生活的物质世界是如此复杂深奥，而我们的时间与感受能力又很有限，因而我们生活在有限的物质感受与事物表面的印象里，或者说物质本身的意义被表面的印象掩盖、真实的世界被有限物质体现就不仅是一种必然，也是一种要求。

如果我们把人的行为产生于对事物意义的理解称为

理性，则当人的行为产生于事物的感官刺激与印象，我们就称之为盲目和冲动。那么遗憾的是，生活中的理性与科学是相对的，而盲目和冲动才是绝对的。

补充说明：世界是建立在我们的感官印象基础上的。从本质上讲这种感官仍是一种物质现象，即人的大脑神经是由物质构成的，人的意识也就是物质反应，其意义有多大还很难说。尽管我们自认为我们的生活理性、科学，其实仍可能生活得与猫狗的感觉一样，因为相对于有待认识的无限，我们的认识太有限。

现在一些学者总是以理性和科学、绝对真理来分析和要求人的行为，这显然是片面与错误的。如房价越是涨的时候大家越是买，而房价下跌时大家却观望，这是与市场行为相违背的。其原因就在于，涨的时候人们难以控制涨的印象对人的刺激，并相信涨会持续涨下去；而跌就相反。

我们生活的世界太大、太难懂，于是只需在有限的时间里获得好的感受即可，以至于人们有意识地以印象甚至假象来生活而不在乎其真假。

当一令人痛苦的事情不为人们所感受时，其痛苦也就不存在。如你有　怪病或缺点自己又没感觉到，你就不会因此痛苦。相反，你不但知道，还总是去想它，别人也很关心，则该病与缺点给你的印象就会加深，其痛苦就大了，并可能让你的情绪变坏、生活质量变差，这样问题就严重了。

因而，善意的欺骗是生活的需要。而公开的批评等。

尽管是正确的，本意也是好的，但也会让人难以接受并可能产生严重的敌意而需要我们回避。

这也就不难解释，尽管我们今天的知识与技术获得了很大的发展，但我们的生活却逐步走向一个以感觉和印象而非理性来生活的世界。人们似乎不再像以前那样认真思考了，而对热点、时尚与明星总是趋之若鹜，各种因感觉不同而产生的矛盾与冲突也在增加。

的确，我们在生活中常常很难弄清事物的本质与真相，且即使了解后又不能给人带来多大意义，此时我们又何必认真与执着地去追求生活的真谛呢？因而为了减少不安、烦恼和增加生活的幸福感，我们就应该去选择好的感受，哪怕是表面的与不真实的。

于是出现了生活艺术，如小说、表演与各种宗教信仰等，尽管我们知道这种生活是夸大的与片面的，甚至是不存在的，但因为其形象生动、迎合了人的情感需要，人们仍会沉浸其中。

印象是感受的结果，但它会反过来影响人的感受，甚至还会改变事物的本质。这是由于事物有许多意义，包括联想与不存在的幻想。于是，当人们对某些事物或者事物某个意义的印象增加时，尤其是在人强烈的主观意志与情绪化反应中，这些事物就会主导人的行为与生活。同时，人们对其他事物及意义的印象就会减少、减弱直至消失，即使是容易感受的客观存在与真理。

由于人们生活在印象的世界里而常常不在乎生活的真实，因而就可能为满足人的需要而回避事物的本质，主观与随意地想象事物的意义，这样事物意义及生活发生质的改变就成为可能，只是这种无中生有也需要代价，即主观意识强化的努力。

这也是《白蛇传》给我们的启示：人们需要美好与幸福，以至于哪怕是妖魔鬼怪也希望其能变成美好的事物，即把许多美好的生活与向往强加在白蛇身上而忽视其恐怖的本质，这样蛇成了美的象征。而法海却逆势而为，总是追求事物的真实，把人间的痛苦与丑恶展示出来让人们难以回避，因而尽管他做得正确，但还是让人感到其多事而令人厌恶。

同时，人的情感与思想是变化的。比如，当恶人获得信任和友情时也会向善与美的方向转变。或者你身边人是敌人，但你不知道而把他看作朋友，他就可能在你的真诚与友好对待中成为你真实的朋友；相反，你真实的朋友因时时提醒你、批评你，你就可能痛恨他、怀疑他，而朋友在得不到真诚与友好对待的情况下也就可能变成真正的敌人。

或者，当我们主观总是认定一事物是美好的，其生理、心理就会发生适应性演变，事物就可能变得真正的美好。

这就是说，白蛇本身在人们美好愿望中可能改变其恶的本质，如人们适应了蛇的美好，蛇也能与人类友好相处，而法海阻碍白蛇向善导致他自己成为人们生活中的真正敌人。

所以，表扬、赞美与友好等应该被看作促进生活变得美好、有效的方式，而不仅仅是对美的赞美和肯定。相反，不恰当与太严格的教育与批评不仅给人痛苦，也可能激起人的情绪化敌对反应及导致错误的行为发生，因而这是我们需要避免的。

当人们主观地增加某些不存在的事物及意义感受印象，同时弱化与忽视一些事物及意义的感受印象时，我们又称之为"心理转换"。显然，这种心理转换建立在人的生活更多受事物印象影响的规律上。

生活中这种心理转换很重要，它是我们获得幸福与激情的有效方式，因为它对环境与物质的要求低，人人平等。

因此，我们不要被眼前的痛苦与糟糕的生活蒙蔽，因为这很有可能是一个可转变的心理状态，只要我们能积极地控制与调节好自己的情感，幸福就远比我们所想象的容易，且这也是一种追求，与人们对财富、地位和真理的追求一样有意义。

印象既是感受的结果，也是感受的积累。这有点像数学中的微积分一样，函数就是印象，它等于感受程度与时间的积累。

感受程度是指人们在感受时的生理与心理参与程度，且通过一系列生理反应来体现，如紧张与放松的程度、体温与心跳的变化大小、大脑神经的活跃程度与体内化学物质的释放情况等。当人们对一种事物的感受程度越深，即人的生理与心理对一事物的反应越大时，其单位时间内的感受印象增加也就越大；反之越小。

　　感受程度取决于所感受事物的新颖性、可感观性与人的感受需要几个方面。当一种事物的新颖性较强，其事物本身又是人们需要的，且感受也容易，则人们受到的刺激与感受热情就会很大，并导致人的生理反应大，从而留下较深的印象；反之亦然。

　　如对于自己所喜欢的名人与明星，其对社会热点的言行对我们的影响就很大，这不仅是其言行的意义，更在于我们很关注、偏爱他们的言行，从而其言行容易给人较强的刺激与较大的印象，这也是他们的言行比普通人重要而需谨慎的原因。

　　然而无论是感官与理解，也无论事物的性质与可感受性如何，人们感受程度都与事物的新颖性程度成正比，即事物的新颖性越大，对人的刺激就越大，从而其感受程度与印象提升也越快；反之越小、越慢。而当事物的新颖性为零，人们不再有感受兴趣，其感受印象增加就停止了，此时人们对该事物的印象也达到最大，只是不同的事物有不同的新颖性特点和不同的初始感受程度。

　　如单位来了新人，或者社会出现了一位名人或明星，这时人们对其关注的程度很大，其印象也快速增加，然后因新颖性逐步减少，其感受程度与印象增加也就逐步减少至平淡，除非有新的意义与不同之处再次引起人们的兴趣，如特别的才能与好的性格。

　　由于新颖性可增加感受程度，我们也就不难理解持续性与某种趋势的持续性变化事物因给人强烈刺激而对人产生的更大影响。

如对正常的股票涨跌我们会习以为常，但出现较大上涨时我们会受到刺激，而当其出现情况更少的持续性上涨，股票上涨对你的刺激就会特别强烈，印象与影响就会很大，故此时你很难约束自己的购买冲动。

其实我们身边经常会出现这种因受到持续性变化给人带来的巨大刺激而让人难以做出理性判断的事例。如房价上涨，特别是持续一段时间的上涨，人们就会给予更多关注，并产生房价会持续涨下去的印象。经济有繁荣也有萧条，可即使经济学家也会犯这样简单的错误，那就是在经济持续繁荣时过于相信经济发展的潜力而忽视存在的问题，以至于出现严重的危机。

对于持续性变化给人的刺激我们可理解为持续性变化本身也是一种特别强的新颖性，且持续性时间越长，这种新颖性越强，从而对人的刺激与影响越大。

人们为增加一种事物印象，除直接与不断重复感受外，还可进行联想。所谓联想就是人们受到一事物刺激所引发的相同经验的再现，且随着经验被联想的次数增多与印象加深，人的行为受此经验影响的频率也随之增加。

广告宣传中，人们之所以用明星与名人做代言人，不仅因其独特的联系刺激可以增加人们对产品的好感，更重要的是因他们在生活中出现的机会多，产品被联想的机会也多，这样产品给人的印象与影响也就增加了。

美国的一项研究显示，名字首字母为 C、D 的孩子得到较差的学习成绩的比例较大，而名字首字母为 A、B

的孩子取得理想的成绩的比例较大。原因就在于，字母包含有优秀与否的含义，人们会因此更多地联想到自己的能力水平与成功或失败的经历，从而会激励或抑制自己的学习热情。

因此，对于具有重要意义的事物，如吸烟有害健康，我们不仅要了解吸烟导致的各种疾病与危害，还要反复感受与联想以增加印象来实现其对吸烟的约束，如不厌其烦地说教与生病、死亡联想警示等。

同时，对于一些重大与重要的生活，我们常常会以一种特别的形式，如歌曲、故事、穿戴、仪式、奖惩与宗教活动等更大程度和持续性地刺激人的大脑神经，让人产生更多感受来加深印象，以达到影响其行为的目的。

在群体生活中，人们常常会表现出个人意志，总是希望、要求他人做什么与不做什么、喜欢什么与不喜欢什么，其实质就是通过他人的行为来满足自己的感受需要，即增加自己喜欢生活的意识与印象。因而权力的意义不仅在于维持秩序与效率，还在于能更多地满足自己的需要，而这种需要不仅是物质的，也更多地体现在自我感受的实现，而权力者在这方面所获得的利益常常被忽视了。

补充说明：感受产生于被激活的大脑神经，而这种激活既可能是感官刺激的结果，也可能是抽象的经验与理解作用，因其关系复杂而需更进一步说明。

其一，在"视觉道德"中，为什么驾驶者撞人产生的视觉印象会大于抽象的经验印象而使其选择了转弯？

感官是人类原始而基本的感受方式。当人的感官受到物质刺激，无论是视觉、听觉、味觉还是触觉等，都会有相应的生理反应，如体温和血流量的变化、神经的活跃以及人体内部的化学物质变化与电磁效应等。

不过，现代科学发现，人的抽象意识也能引发人的生理反应，如电磁效应。但是，当感受产生于感官的物质刺激，这种生理反应会更容易也更强，而意识所导致的生理反应就相对较难、较弱。

经验是感受的结果，不管它给人的印象有多深，似乎都很难比直接的物质刺激所引起的生理反应还大，因为经验太多而抽象，要其形成印象来影响人的行为就需要人的意志，而在许多情况下，特别是在紧急情况下这种意志难以产生。

这就是说，在"视觉道德"中，感官刺激给人产生的印象相对是很大的，至少从当时情况看是这样。因而尽管直接撞人的危害性更小，人们也懂得要减少伤亡与损失的道理，但是平淡的数量与经验印象太弱，或者被当时视觉的强烈反应所压制而难以给人以影响，这才导致人们选择转弯而撞死了更多的人。

因而我们也就不难理解，在撞人的过程中，如果人们能控制好情绪，即压制当时被视觉激活了的神经反应，并对当时的环境有敏锐的反应，即更多的思考，对经验更加敏感，则转弯所产生的更大危害就能对人的行为产生影响，这样人们还是可能选择不转弯的。

其二，经验也能被人们直接作为生活与感受的对象而不仅仅是联想，且这是一个随机的感受过程，只不过人们对经验的印象越深，相应的大脑神经就越活跃，也越容易表现出来，被随机感受的机会与可能就越大。

这种随机性在人们做梦的过程中得到体现，即人们在做梦时既没有外在物质刺激，也没有意识的控制，而仅仅是随机的经验感受，只不过其印象深的经验在人的大脑中相对敏感而容易形成梦的内容。

这也很容易理解：人的经历太丰富、记忆太多，大脑很难区分印象深与不深，很难选择感受什么与不感受什么，且这种区分与选择也没有意义和必要，于是就只能随机感受了。

所以，无聊时可能想起朋友与亲人，也可能想起工作与学习，或者想起某个问题等，尽管亲人的印象深，被想起的机会大，但我们可能在此时想到的是工作或者某个朋友等，反正都没有什么意义，没必要形成有意识的选择。

这时的感官刺激就很重要，即当时的环境与他人的行为、语言容易给人造成影响，容易使人的某种记忆与情感神经活跃而主导人的生活，尽管这种记忆与情感很平淡，印象也不是很深，更不一定是多重要。如领导在提拔员工时若没有自己看好的对象，某人的表现与他人的建议就很重要。

这就是说，我们在许多时候与很多情况下都处于无意识行为状态，这时我们感受什么、受什么事物影响与选择什么样的生活具有很大的随机性，环境与他人的影响就很重要，特别是在人们年轻与处于经验空白时。

其三，通过以上的分析，我们自然会提出这样的问题，即感官刺激与经验印象对人的感受影响的关系是怎样的。

其实，感受表现为人大脑的激活，而人们每一种经验与记忆都表现为相应神经的敏感性程度，或者说是潜意识的活跃程度。这种活跃程度又是由感受的经历决定的，即当人们对一事物的感受程度越深、感受越多，其印象就越深，大脑对该事物就越敏感而越容易被激活。

显然，若是印象深的经验受到外界刺激，则相应神经的活跃就更容易，即可在较小的感官刺激下活跃起来，否则就困难。

比如对于一个道德意识薄弱的人来说，我们就需要对其进行更多的说教与示范才能让他产生道德意识和行为。

可以想象，在驾车撞死人的案例中，尽管视觉给人的感受印象深，但当人的理性更强，则抽象的减少损失的意志就容易被激活，并由此抵抗表面印象的干扰，即人们为减少损失也就能不转弯。

于是，小孩一方面喜欢放学后在外面玩，这是感官影响；另一方面又要赶回家学习，这是经验影响。那么，小孩放学要不要在外面玩、玩多久，就取决于两者的印象比较了。

由于感官刺激给人的印象太深而让人难以回避，于是小孩常常会在外面玩，即使玩的意义不大。而父母想要小孩早回家，就只能反复强调，且小孩如果有回家太晚而挨过骂的教训，外面又不太好玩，则小孩回家的经验意识就容易活跃，并更多地会选择早点回家。

其四，既然事物给人的感官刺激会形成生理反应，那么这种反应就应该持续一段时间。而在这段时间内，更强烈的感官刺激就会抑制这种相对较弱的生理反应而导致其感受转移。

问题在于，当新的感官刺激趋于平淡，即事物的新颖性减少而对人的刺激太小时，人们又会延续原来的事物感受，即潜伏与暂时被抑制的生理反应又会重新活跃起来，这时的感受就不算是经验联想了，而是感官刺激的结果。这就很难区分是随机的经验再现还是感官感受的延续。

如我在家欣赏花草，这时有人进来跟我聊天，但聊着聊着感觉没兴趣了，这时又可能重新欣赏花草。至于人们为什么此时会感受花草而不是别的经验，在于受花草刺激的生理反应还没有完全消失，只是暂时受到压制而已，即是对花的刺激所产生的感受延续，而非随机性的经验联想。

然而，尽管经验是过去发生的事情得来的，但人们有特别的兴趣，其感受还是很强烈与持续的，可能比直接的物质刺激所产生的感受还强烈。不过，这种经验感受又是人们有意识控制的结果，即追求，或者是因感官刺激后在人的大脑有意识控制下神经的持续活跃而已。

其五，人的感受时常在转换，而转换的难易与事物的性质和印象有关。在感受的转变中，事物之间的差异越大，而你对一事物的感受程度与印象越深，这种感受的转换就显得越困难。因为人们要转换感受，就必须消除原来事物的印象与抑制已激活的神经，同时因新事物的陌生也需要你更多的意志，这些都是需要人们付出相应的代价。相反，当事物之间的相同点越多，对当时感受的程度与印象越浅，则感受转换就越容易。

于是，随意（感受程度弱）与相同性强的感受转换是比较容易的，如人们一边上网一边给朋友发着短信与聊天；我们常常在一边吃饭，一边与旁边的人说话。这些都是因为所感受的程度弱，且差异不大而感受的转换容易，以至于人们感觉到可以一心多用，即同时感受多个事物。

而在你集中于某一事物（感受程度与印象深）时，有人打扰你（与你感受的事物差异大），多半你会暂时不去理会他，因为这时为了提高效率而不愿停止正在进行的工作。

一项对微软公司员工工作效率的最新研究指出，他们在受到打扰而中断工作后，平均需要15分钟才能重新集中起注意力，这就是他们对工作与打扰之间的感受转换时间。显然，当他们的工作越投入，这种感受转换就越难，所需时间就越多。

感受的差异与趋同

人的行为总是相互影响与需要而有趋于一致的规律，同时因环境与经历的不同所表现出来的差异也总是存在而需要我们理解。

生活中，一个令人遗憾的现象是人们常常不能相互理解。如市民不理解农民因气候不好而痛苦，因为他们不知道气候直接决定了他们的收入与生活的温饱；穷人不理解富人有那么多钱还在不断投资，并因财富增长压力与投资失败而痛苦，因为在穷人眼里丰衣足食就是理想的生活，而富人自然也就不理解穷人这么穷还悠闲自得。

其实，国家与民族间的生活差异也是这样，如伊斯兰教民的严格穿戴与生活约束在西方看来令人痛苦，而西方人的个性与开放的生活在伊斯兰教民看来同样让人难以理解，也不能容忍。

生活总是建立在赖以生存的环境及相应经历所形成的经验基础上，而每个人、每个民族所处的环境与经历是不同的，这就造成了各自不同的行为方式与情感差异，这种差异既是生存的需要，也是效率的反映。

我们知道，事物对人的影响不仅在于其意义，更在于其印象的大小。而印象是感受的原因，也是感受的结果，即人们选择印象深的事物感受，而印象又在感受中得到强化并反过来更强烈地影响人的感受。这就是说，人们生活在不同的环境与经验里，必然导致相应环境与经验印象的加深，这反过来又进一步使人们的生活受到相应环境与经验的更大影响，如此循环。

显然，感受与印象的这种循环形成了人们生活的差异规律：**不同的环境与经历形成了不同的生活选择和印象，而不同的生活选择与印象增加又进一步强化人们对各自环境与经验的依赖，其结果必然是不断增强人们之间因环境和经验不同所形成的生活差异。**

因而，人们都在不同程度上陷入了由特定的环境与经历所构成的封闭生活中，对自己的经验与习惯过于重视，对自己的生活与选择有一种自以为是的盲目和冲动，而对自身以外的世界缺少了解，并由此产生偏见与习惯性排斥心理，进而人们不能很好地交往以及由此导致共同生活效率的下降。

我们可以用两个规律来说明差异在生活中的存在与意义。

首先，是第一感受规律。所谓第一感受规律，就是说在生活中，人们最初因没有经验而内心是空白的，这时因感受欲望很强而对最先接触的事物产生较大程度的感受与印象增加，由此决定了该第一感受事物对生活的影响大。

如在工作与生活中第一个接触的人容易成为我们关注的对象，对自己今后的生活影响会很大；在学习中最先接触的观点与内容最容易被吸收，其给人的印象最深而对人的学习影响最大，旅游中第一个景点给人的刺激最大等。而随着生活与经验的增加，人们若要进一步感受其他事物就日益困难了，其原因一是因人的感受能力一定，当有经验储存与获得感受满足后，自然对其他事物的感受需要与热情降低。这就像人饿了需要食物充饥，而一旦得到某种食物后，这种需要就可能消失而对食物不再感兴趣了。二是人们会形成相应的情感与思想习惯和偏见，由此产生对其他感受的排斥。

当人们感受一事物，就会形成该事物给人的感受印象，这时人的相应思想与情感也变得活跃，对其他情感和思想的事物及意义就会产生抑制作用，并形成相应的习惯、偏见与盲目，使其他感受变得困难。

如到了一陌生的地方，很容易对第一个接触的人产生兴趣，并因其给予的一点友好而产生好感和关注，则人们对其他人的关注会减少，对其缺点的认识与他人的不同观点也很难接受，似乎自己找到了理想的交往与交流对象。

我们常强调第一印象，其意义就在于最初的经验为空白而让人的感官、思想与情感都表现出强烈的感受需要而容易被激发，从而任何事物及观点都容易被感受，并形成较深的印象而给人较大影响。

如一个人在小的时候或新人时期容易培养，就在于他们的经历空白而有较强的感受能力及能力的增长，于是对任何事物与任何思想的感受都容易。相反，对成年人特别是老年人来说，哪怕接受一点点新事物、做一点点改变都会很困难。

其次，根据第一感受规律我们很容易得出第一感受效应。所谓第一感受效应，就是指生活中的第一名、第一个与最特别的生活，即第一事物是最容易和更多地被人们关注，而其他就容易被忽视。

根据第一感受规律，第一事物被人们更多地关注是很正常的，但不正常的是与其他事物相比这种被重视的程度差别太大，其原因就是第一事物消耗了人的过多感受资源，并刺激人们产生了不利于其他事物感受的情感、思想习惯，及由此可能产生的"变异"。显然改变这种感受习惯与变异是困难的。

假设第一事物与第二事物的差别与差距为 10 个单位量，但人们对第一与第二的感受与关注程度差距就会远大于 10 个单位，如 20 个或 40 个单位甚至更多。

生活中，需要得到帮助的人很多，若某个人及其贫穷的生活状况被媒体报道、被我们接触到，我们就会把他作为需要得到帮助的典型而对其更多关注，并因此消耗较多的生活资源与道德热情，从而使其他人失去本可以得到帮助的机会，由此造成新的不平等。尤其是人们在相互的情绪化渲染中可能形成一种不正常的、变异的心态，即让人们觉得这就是需要我们帮助与友爱的对象，似乎是唯一的，并以此获得安慰。

对于成绩好的学生，老师会更重视，社会也会给予更多激励，从而成长的资源更多地被好学生占有，而差生就会被意外地冷落，并因此产生更大的挫败感。

这种差距的扩大更深层次的原因还在于人们情感与思想可能产生了某种变化，即老师与社会希望看到学生健康成长和更快成功，并以此满足他们盲目和偏激的情感需要，因此产生"变态氛围"：对于被重视的学生，好的被夸大，不存在的优点也会被大家认可，其缺点与不足却被忽视，甚至被有意地掩盖；相反，不被重视、人们反感的学生就更不幸了，即使有好的表现也会受到歧视与误解，有发展潜力与机会也可能被人为地破坏，以此来发泄自己对那些与自己愿望相反的愤恨情绪。

我们时常抱怨生活中的不公，总是强者越强、弱者越弱，其原因不仅在于人与人之间的固有差距所产生的影响，还在于人为的偏见与"变态心理"作用而使强者更容易变强、弱者更容易变弱。

于是，当我们成为"第一"时，平淡的表现也会被人注意，很少的努力与成绩也会被夸大，这就形成了"事半功倍"的效果。相反，当我们发现自己还达不到第一、机会不是很成熟的时候，就不要过多地消耗自己的资源来表现自己，以免"事倍功半"，而应"蓄势待发"，等待"事半功倍"的时机。

因此，付出更大代价争取获得"第一"是值得的，这包括做最优秀或者最先做到的等。

人们的生活又存在相互影响而趋于一致的规律。其原因一是人的行为相互影响而有一致的要求。为什么要禁止人们在公共场所抽烟？这不仅在于公众场所抽烟会影响他人的健康，还在于避免抽烟的行为给人留下印象而增加人们抽烟的选择趋向，同时对某些具有相同情感经历的人来说，还会刺激抽烟的经历再现与神经活跃而产生抽烟的冲动。

科学家发现，我们的大脑是由镜像神经元联成网络的，其不同的大脑神经元会因不同的肢体行为而变得活跃，于是通过肢体语言与情绪化行为来相互影响是很有效的。

当看到别人行善，自己行善的可能性就会增加（行为的印象影响），而若人们都有过行善的经历（情感与经历被激活而再现），则他人行善对自己的影响就会更大。

二是思考代价的存在。生活总需要思考，而思考是人们不愿面对的代价行为，于是当看到别人做出某种选择，就会以此为标准，相信他人的行为是合理的，是思考的结果，以此来减少思考代价与不确定性风险。

如长大后做什么、在面对某种环境如何反应以及对某个问题如何认识等，如果没有经验与标准是很难做出选择的，而一旦有人，尤其是自己所喜欢的名人、明星、信任的朋友，或者仅仅是身边所熟悉的人等做出选择，自己就很容易做出同样的选择。

生活中，我们可能会发现，当一个人跌倒时若有人袖手旁观，则自己可能也会袖手旁观，这不仅是因为他们给自己一个旁观的印象与情感影响，还在于这给人一种感觉，即好像旁观是有道理的、应该的，而自己去帮助他可能存在什么问题，且旁观的人越多，自己所受这种影响越大。

这就是说，当太多的人都对他人的跌倒无动于衷时，尽管从道义上讲很不幸，但考虑到越来越多的人旁观对他人产生更大的影响，问题也就没有想象的那样严重了。也许在刚开始跌倒时就有人采取行动，情况会完全相反，这也反映出生活中表率的意义。

三是行为趋同有利于群体生活效率与生活热情的提高。研究发现，行为的趋同能减少矛盾与冲突，因为顺应他人能产生信任与亲近感，能更有效地使人们友好相处以及团结一致应对生活的危机。

如当朋友成功后你去祝贺，你不仅能分享到喜悦，也因对他的认可而增加友情与信任，从而也更能激发彼此生活的信心与热情；相反，你无动于衷甚至予以否定，则自己不仅不能得到分享，还会给他人负面影响，并彼此产生隔阂。

因而微笑、赞同与加入，大家就会感到轻松并缩短彼此的内心距离，且这也是一种互助的经济行为，即付出较小代价来适应他人以增加别人对你的好感而给自己的生活也带来更大方便；而如果你对别人说"不"，这不仅会产生负面情绪，还会让别人把你看作异类，并因此对你警惕与疏远而增加交往的困难，而这种否定很可能是不必要的甚至是错误的。同时，人们在生活中很难说"不"，因为说"不"不仅要有合理的解释，还要承担不确定性风险，从而使说"不"变得很困难。

西方学者通过大量的调查研究指出，当一个社会有30%的人同时感受到一事物，该事物就可能会产生社会性群体趋同效应，即很快被全社会关注而成为生活的焦点。

会唱歌的人不少，但一旦某人在某个公众场所演唱，并被媒体宣传，则他就可能成为大众心目中的明星与公众的娱乐对象，其原因就是人们对一个人唱歌的水平认识是很难的，寻找与评估是有代价的。于是，当一个人能公开演唱，被媒体报道，这就暗示他有很好的演唱水平，是被认可了的歌手，从而自己只管去欣赏而不必费心去评价、寻找更好的歌手。

同时，某人在媒体与公众场所的出现，加上特别的"包装"刺激，使得人们对其感受印象加深，从而人们在娱乐与交流时很容易联想起该歌手来。这时你要重新寻找与发现更理想的、他人知道而能产生共鸣的对象显然太困难，这时该歌手成为公认的明星也就很容易。

当然，某事物可能有一点意义，或根本没有意义，但经别人提及、社会宣传、权威与领导强调，人们就可能觉得其意义无穷而加倍重视，并因此忽视其他更有意义的事物，由此导致大家都处于这种错误的感觉中不能自拔，也就是一个不合理的、危险的趋同现象。

或者，一个人仅仅为得到他人的认可而盲从，甚至在压力下屈从，也是不合理与危险的。

人的这种行为与情感趋同也很容易在有限范围内相互影响而形成封闭与偏执的群体文化，从而对外显示出更大的差异性与更大的风险性。

当然，每个人与社会所处的环境和拥有的条件不一样，由此形成的生活差异是我们需要理解和尊重的，并要学会欣赏这种不同，而不是盲目地排斥与残酷斗争。但这种差异应该是暂时的、表面的，即人性的发展与生活的交往必然导致趋同。

感受的差异性与趋同性都是相对的，并同时存在于人们的生活中。环境与条件的不同造成人们生活方式和习惯的不同，而发展与交往又在促进人们生活的趋同。

对于同一地域、群体与国家来说，其内部会因其相互影响而形成趋同，但他们对外却可能表现出不同，即差异趋势。

同样的感受印象规律，既能使人的行为产生差异，又因相互影响而产生趋同，而最终是差异还是趋同，或者是差异多一些还是趋同多一些，还取决于人们对生活的方式与态度。

此时，一个人、一个国家与民族能表现出积极的对外开放与交往热情，就能更多地相互影响、更多地趋同，因而差异会变小，矛盾与冲突也会减少。而当人们置身于各自封闭的环境中，对外缺少交往时，生活之间的差异性就会增加，相互的矛盾与冲突也会增加。

　　生活需要趋同，需要在更大范围内的更健康的趋同，且信息、交通与科学的发展也在促进这种趋同的形成，狭隘、自私与排外的趋同显然是错误的。

　　生活需要相互交往与理解，人们在这种交往与理解中才能获得更多的互利与发展；同时，应对共同的发展问题也需要人们一致的行为与努力。因此，我们应当避免差异化给生活带来的矛盾，要相互欣赏、交流和学习，并表现出宽容与开放的态度，自以为是、盲目的排外是错误而危险的。

情绪化

　　由日本科研人员进行的一项最新研究显示，人们在工作中观看令人愉悦的宠物照片可提高工作的注意力和热情。这给我们重要启示：人们有可能，也有必要通过简单的物质手段与生活形式来提高生活的幸福感和效率。

　　普遍的情况是人们常常利用环境、自我强化与互动等方式使人产生情绪反应来增加某种所需要感受。

　　感受是事物对人的感官与心理产生作用的过程，而人的行为是这种作用的结果与反应。如人体受到物质刺激会产生生理反应和肢体动作；对事物的理解与思考会带来心理反应和相应的行为。

　　于是，当人们深陷某种感受中，如受到环境的强烈刺激或者对一种生活有深入的体会，人的生理与心理就会出现异常的、他人很容易感觉得到的反应。如人们喜时手舞足蹈，怒时咬牙切齿，忧时茶饭不思，悲时痛哭流涕，思时沉默寡言，危时紧张万分，同时还伴有内在的生理变化，如体温增加、心跳加快、某种神经的活跃和过敏以及体内化学物质的释放与加快或者相反等，我们称之为情绪化。

情绪化首先表现为人的感官受到刺激后的反应，如身体受到伤害产生剧烈的疼痛，气温太高时心情会烦躁，或者听音乐与见到久别的亲人时所产生的激情等。

其次，情绪化是心理活动的结果，如获得一重要启发时的兴奋与长期的思考有了结果时的喜悦，或者人身受到不公平待遇时所表现出来的愤怒等。

补充说明：当人们对一事物进行感受时，人的生理与心理就会产生相应的反应与行为要求。从本质上讲，人的这种感受与反应仍是一种生物现象，如同生命体总在不断吸收营养来生存与生长一样，人的感官与心理也必须接受事物刺激来维持存在和发展，或者说生活的感受与行为是人存在和发展的表现。

我们可把感受，即人的感官与心理受到事物刺激理解为能量吸收和形成的过程，而由此所产生的行为，即肢体动作与行为方式的改变就可理解为能量释放的过程。尽管这种能量吸收与释放的形式和时间各异，其意义都是人的感官与心理通过吸收能量来获得满足，再通过释放能量来调整生理与心理状态，如此循环来促使其更趋健康与稳定。这也是生命体适应环境的进化结果，即在与大自然融合中不断提高自己的感官与心理能力来更有效应对环境的变化。

于是，我们又可将情绪化理解为因人们的感受程度大，其生理与心理积蓄了巨大能量而在短时间内释放时的异常表现，其实质是人的内在健康与稳定要求的反应。

然而有意思的是，由于情绪化与感受程度的一致关系，人们反过来又利用情绪化宣泄来增加对特定事物的感受。

如喜悦时为获得更多、更大程度的享受，人们就会有意识地手舞足蹈，这不仅是一种内在的宣泄，更是人为地制造氛围来刺激人的快乐生理反应来强化感受，同时有意与无意地使人不易受其他事物影响而能更大程度地感受自己所喜欢的事物、放纵自己的美好情感。

生活需要不时地调节人的情感与思想来提高效率。如学校请了一位名人来演讲，为了让学生达到更好的学习效果，学校就会事先做好工作，即通过提示与宣传来预先刺激人的相应感受神经，从而让演讲更有效率。否则，人们事先没有准备好，如还在想别的，或者情绪低落等，就会造成一种不相干的情感与心理，而在听演讲时人们才依靠名人演讲来转换情感与启动相应的神经，自然就会浪费演讲者的时间与精力而影响演讲的效果。

由日本科研人员进行的一项最新研究显示，人们在工作中观看令人愉悦的宠物照片可提高工作的注意力和热情。这给我们重要启示：人们有可能，也有必要通过简单的物质手段与生活形式来提高生活的幸福感和效率。

其实，许多事物的感受让人们具有相同性反应，从而导致人们对一事物的感受程度大的原因常常不是单一事物的刺激，而是多种看似不同事物共同作用的结果，且多种事物的相同，或者相关性刺激很有效，这就像人们协同工作可产生规模效应一样。

于是**为了增强与调节人的感受，人们就有必要通过另一事物来刺激人的神经，而这种刺激相对容易，且这种刺激包括记忆刺激与情感刺激两种。**

人的经历与记忆是丰富的，而刺激这种记忆可激活相应的感受神经，从而使相应的事物感受和生活变得容易。如我们悼念逝去的亲人时，为了更好地表达悲痛与怀念之情，就需要利用相联系的纪念物品或者一起生活过的环境等来激发人们的哀思。

此外，是情感刺激。感受是人的情感和思想反应，因而我们可通过环境，如悲伤与喜悦的音乐对人情感和思想的激活来增加感受效果。

人们可感受的事物是非常丰富的，但人们对这些事物所表现出来的情感与生理反应就相对简单得多，即可感受的物质世界是无限的，人的经历也丰富多彩，而情感反应无非喜怒哀乐、好与坏等几种表现，而最后反映在人的生理特征上，可能就更简单了，如仅仅是兴奋与低落、紧张与松弛及相应的随时间变化的特征等。

现代医学研究证明，一个人在事业的追求上，其生理反应与吸毒是一样的，即释放令人兴奋的多巴胺，这似乎证明，一种特定的生理反应可由众多的原因与生活形式引发。这样，通过简单容易的某种事物的刺激可让人产生所需的生理与情感反应，从而增加人们对一事物的感受程度。

如人们在看悲剧片时播放令人悲伤的音乐，这样就可调整人的情感，从而达到更好的感受剧情的效果。而播放令人悲伤的音乐是很容易的。

人的这种情感刺激也在技术上得到体现。生理医学研究发现，人体皮肤重约四千克，多达两平方米的覆盖面积使之成为我们最敏感的感官部位，加之皮肤的敏感性从母体孕育时期就已形成，因此人类触觉和情绪之间存在紧密联系。

为此，飞利浦公司制造了能将人类触觉与激发器技术带来的体验结合起来的"情感夹克"，从新的角度增强观众在银幕前的享受。

"情感夹克"是一件带有一系列激发器的外套，它根据银幕上的内容决定是否启动，一经启动，观众便可以体验到与剧中人物相同的情绪。这样，穿着"情感夹克"的观众就能最大限度地产生身临其境之感，这就是以一种技术手段刺激人的情感反应来实现更多感受的情形。

人的肢体语言与音乐是人们情感激励中常见而简单有效的方式。心理学研究发现，音乐、人的肢体动作（包括语言）与心理活动是相互影响的，即某种心理活动会引发相应的肢体动作与需要某种节奏的音乐，比如愤怒时我们会握紧拳头、呼吸急促并需要节奏感强及粗犷的音乐；快乐时我们会嘴角上扬，面部肌肉放松，并需要轻快而慢节奏的音乐等。

同样，人的肢体动作与某种节奏的音乐也会导致人的相应心理活动，即特定的肢体动作与音乐能调动你某种内在的情感需要。

人们做过实验，当听着音乐跑步，如果音乐节奏超过跑步本身的节奏，那么跑步者就会感到紧张而试图跟上音乐的节奏，于是跑步的速度就会加快。

药物也能刺激人的情感作用，但是我们认为如果不是特别的疾病，如自闭症，在正常情况下，这种做法可能是有害的，至少从长期来看是无意义的。

在我们的生活中，日益普遍的像品牌消费与特定的穿戴、特殊的人物与明星效应、某种口号和标识等，其意义与实质就在于能激活人的某种情感思想而增进我们相应的生活感受和行为，如名牌能让人自信以及产生高层次生活的感觉，人的言行也会相应地注意起来。

生活中，我们需要更多激情与道德。这时就需要有更多美好生活的刺激，如名人与明星的良好形象、人与人之间的友好相处、领导的关心认可等。

于是，简单而平淡的问候、微笑、称赞与帮助等友好行为，都有利于人们生活质量的提高。相反，自私、冷漠与任性的攻击就会导致人的情感压抑和仇恨而对生活造成很大的负面影响，这也就是我们崇尚前者而排斥后者的原因。

生活中，通过简单的事物激活人的记忆与情感思想以增加某种感受的情况既很普遍，也很复杂。

记忆与人的情感思想的激活往往是相互影响的，即在激活人的记忆时某种情感思想可能也被激活了，或者某种情感思想变得更容易被激活了。如不友好的记忆让人愤怒、仇恨。同样，在激活人的某种情感时相应记忆也会活跃起来，如悲伤时更容易想起失去的亲人，道德与善良的激活有利于友好的回想等。

同样的事物在不同习惯与文化的生活中会产生不同的情感和记忆激活。如在西方生活中的 AA 制强调的是平等、义务与责任，而在我们看来却可能是自私、不讲情谊的表现而激发人们个人主义的情感和思想。

或者，原本是真理与好意，可对于他人与其他地方的人来说，或者对于敌对情绪的人和地区来说，就可能是一种欺骗与挑衅。

事物对人的某种情感与记忆激活也存在这样一个问题，即当人们受到另一事物刺激，人的感受能力也会因此减少。这样，当人们感受一事物，对另一事物的感受影响就会表现出两种趋势：一是感受得到一定满足而导致其感受需要的减少；二是人的相同情感思想启动后而导致感受需要的增加。而哪种趋势占主导就要具体分析了。

总体来说，如果一种事物更多的是激发人的某种情感与记忆而本身不会引起人的太多注意，如纪念品、音乐、礼仪与警世的语言等，甚至是单纯的技术，像"情感夹克"与兴奋剂等，那么所产生的感受分流就少。或者刺激事物与所需感受事物的相同性强而感受转换容易，则事物的刺激将使得某种情感与记忆变得活跃而有利于人们对相应事物的感受。

人们做过实验，同样条件下，穿白大褂的被试者在注意力测试中表现更好，其所犯的错误只有没有穿白大褂的一半。原因在于，人的记忆中白大褂与科学家、医生的形象相联系，因而给人一种严肃、认真与注重细节的情感刺激与思想激活，而白大褂又很普通，其本身不会引起人的过多关注，从而对感受的分流极少。

相反，过多分散人注意力的刺激，如你在欣赏音乐时有人给你讲故事，尽管情感反应一致，也会影响你对音乐的欣赏，即对自己感兴趣与需要关注的生活不利。

在生活的感受过程中，人的心态与心理调节也很重要。显然，当人们为了达到某种感受效果，就会放任自己，有意识地强化自己的感受，或者有意识地排除其他事物的干扰而让自己情绪化地融入某一感受状态中。而这种融入的代价明显小于感受需要增加给人带来的满足。

如喜庆时，我们会有意识地参与，这不仅是指人的感官接触，也是有意识地将自己的情感融入其中来获得更多的美好享受。

相反，痛苦时虽然人们也有宣泄的需要，但这仅仅是为了释放痛苦的感受能量，或者在人们能够释放痛苦情绪的情况下，还会为减少痛苦而有意识地控制这种情绪化反应，于是人们在遇到痛苦时常常是单独发泄，不想在他人面前有所表现。道理很简单，痛苦是人们不需要的和希望回避的感受，除非这种痛苦有特别的意义，如亲人的失去值得我们去怀念，或者作为一种经验与教训，或者为了获得帮助与同情等。

因此，情绪化既有无意识的本能反应，即由于事物本身的刺激所产生的情不自禁，也可能是一种有意识的放纵与心理调节。

然而，在群体生活中，可感官的情绪化反应对自己来说是自我情感调节，对于他人来说又构成了环境刺激，并相互影响。

这就是说，群体间的情绪化会对人的情感产生双重或者多重刺激，导致行为趋同的加强而形成共鸣，即相互影响的情绪化宣泄导致趋同性情感强烈，尤其在一个封闭的群体生活中，人们很容易产生过度自信与自我超越感，其盲目性与隐藏的风险自然也很大。

为什么生活中几个"志同道合"的年轻人常常会做出意想不到的事情来，原因在于他们冲动的情感再加上情绪化相互影响，这极容易导致他们打破常规而产生极端行为。

在感受的调节中我们要理清这样一些关系：一是对一事物的感受需要人的哪些生理机能参与，并需要什么性质与形式的事物来激活这些生理机能；二是人的某种记忆与情感发展需要什么样的生活和刺激；三是对于某些人来说，哪些心理活动容易被激活并导致其有意义的生活趋势；四是在这些感受与事物的关系中，人的心理素质与态度有多大的意义。显然，对这些问题的研究是很重要的，也许这就是一门学问，即行为生理学。

如味觉反应，通常认为，味觉来自舌头，但研究发

105

现并非如此，而是与声音、图像及环境等因素密切相关，即神秘的味觉是各种感觉刺激所产生的反应。于是，要让人们因味觉刺激而产生很大的感觉反应，就需要这些看似不相关的多种因素作用。

生活中的许多感受是多种事物共同刺激与各种感官、组织参与的结果，并受人的态度影响。同时人的情感思想的激活似乎也存在着某种形式的临界点，而情绪化似乎是这种临界点的表现。

此外，情绪化还可被用来传递信息，且这种情绪化信息表达是人类原始交流方式的延续。

人类作为群体生活的动物，总有表达情感与传递信息的需要。于是，作为能量释放的、他人能感觉到的情绪化的肢体语言，自然也会被人们用作传递信息。

如哭泣，不仅是个人的情感发泄，还可能是向别人表示自己很痛苦而需要同情和关注。又如有人试图伤害你，你就要做出情绪化的反应，以示求援或震慑对方，以避免冲突等。

人类最初以情绪化方式来传递信息是由于恶劣的生存环境，当人们面临危险时能让大家回避或者得到帮助，而在获得食物时能让大家分享，并以能相互理解的手势、声音和表情来传达，然后逐步发展成以语言、文字以及日益丰富的肢体行为等方式来实现人的更多情感和思想表达。

在信息技术高度发达的今天，为什么人们还需要面对面的交流，即使长途跋涉人们也要见上一面，其原因一是可通过情绪化的肢体语言来加强感受、释放情感；二是人们能从他人的肢体语言及其互动中获得更多意义，而这些是简单的语言与文字不容易或者不能表达出来的。

如听歌，尽管人们很容易通过播放的形式听到，但仍想从真实的演唱环境中体验，原因就在于由此可获得更大程度与更多相关信息的感受。

情绪化反应既有人的能量释放要求，也有人们有意识的放纵，我们难以区分。同样，情绪化是强化自我感受需要还是传递信息也常常难以区别，如特定意义的穿戴、宗教仪式等，我们很难区分这是人的本能情绪化反应的需要还是在向他人传递信息以试图影响他人。法国禁止在公众场所穿戴具有宗教特征的服装，就是担心其有意无意的情绪化行为会对他人的生活产生影响。

在人类的进化中，这种表达与传递信息的原始肢体动作不但没有减少和消失，反而随着生活经济性要求的提高与人的情感、思想的丰富而发展。如情绪化所表达的信息已变得日益普遍，表达的意义越来越多，且不同的地区与民族有不同的情绪化意义表达方式。

情绪化表达方式也受到文化因素的影响，并随着历史的变迁而在不断改变，即各种文化的肢体语言中常常有各种不同的文化含义。

变异

　　我们的生活常常会出现较大变化，人也会因此产生变化：喜欢自由自在的人突然开始很注重某种形式了；本来性格活泼的人突然变得沉默寡言了；不喜欢体育锻炼的人开始喜欢了；对他人的看法因一个优点或者缺点而完全改变等。

　　生活是对环境的适应，变异是人们适应环境的更大改变，问题在于如何使变异发生得更有意义与有效率。

　　我们的生活可分为重复与变化两种，前者是人们在相同环境下的经验和习惯表现，是由人的本能与感觉决定的，如每天重复性的吃和睡、工作和休息等；后者是人们感受与思考的结果，也是人们适应环境变化的反应，如根据食物的味道与营养做出饮食调整、回避危险等。

　　因而，人的行为是由重复与变化两种形式组成的。然而变的内容也会在不断的重复与适应中沉淀为不变的习惯，不变也就是一种相对的稳定而已，因习惯本身也在不断改变。

生活是一种感受，人的行为是这种感受的反应，并随感受而不断变化。且当人们对事物的感受程度小，人的生理与心理活动相对稳定，其行为就表现出温和的、可预期性的调整；而当人们对事物的感受程度深，人的生理与心理活动的相对稳定就可能被打破，人的行为变化就可能是较大的、意想不到的改变，即变异。

如人们从喜欢某种食物变得不太喜欢了；天天在一起的朋友因繁忙而较少来往了；你对别人友好，别人也做出友好反应等，这样的生活变化都是很正常的、稳定的，即是习惯的调整，也是人们容易预期的。而当他突然拒绝原来的食物改为吃味道与风格完全不同的食物甚至厌食，或者朋友间从来往密切到从不来往甚至变成了敌人，或者你对他友好他却由不友好变为对你太友好甚至视为亲人等，就会让人感觉到意外，并在他人看来很不正常与难以理解，这也就是行为的变异了。

行为是由感受决定的，因而要让人的行为产生较大改变，就必须让人受到足够大的刺激，即获得足够大的感受能量，这就像要让一个人走得更远就需要更多的体能一样。

变异源于感受程度大，而这种感受既可能是外在的刺激，如物质刺激所造成的创伤、空气污染造成的人体功能破坏、他人的语言刺激与压力导致人的情感与思想改变，也包括人们主观感受的结果，如长期的思考与追求产生了厌倦，或者有了令人兴奋结果等。

人们在生活中也很容易受到意想不到的、看似平淡的事物刺激而产生意想不到的持续变化。如一句话、一个动作与一些很小的冲突等，都可能给人强烈的刺激，让人的生理与心理产生异常敏感的反应并留下永恒的记忆。只是这种变异小，外人可能感觉不到。

而领导与家长就需要保持敏感性，多了解他人与子女内在需要，从而能通过简单的语言与平常的行为给人刺激和启发让人做出有意义的改变。相反，重复性说教、严厉的斥责甚至恐吓就显得很太不合理了，并可能适得其反。

变异也包括社会性的，即当人们受到相同性的敏感性刺激，就会表现出社会性的强烈趋同行为。考虑到情绪的相互影响，这种社会变异还是比较容易出现且强烈的。

生活是对环境的适应，人的心理状态与行为方式都是对环境适应的结果。但当原来的心理状态与行为方式已严重不能满足当时的环境和生活的需要时，人们就有可能、也有必要做出较大的改变。从本质上讲，这是一种效率更高的适应性反应。只是变异在现实生活中有太多的盲目性而需要我们注意。

实际上，即使受到强烈的刺激，只要我们能以冷静和开朗的态度来对待，通过及时地转移感受就能化解其刺激所产生的影响。但当我们总是去想它，或者不断去理解甚至错误理解它的意义，就会因此受到严重影响而产生行为变异。如他人的意见与指责让自己越来越愤怒并因此产生敌意，或者他人的一点表扬让自己得意忘形而不再注意自己的缺点，长期的个性与自我意识发展导致自我膨胀而随意损害他人等，这都是很容易产生的错误变异。

然而，多大程度的刺激与行为改变才能产生或者能称之为变异，这仍是一个较难说明的问题。不过，人们在产生行为变异时常常有如下特点：

一是人们持续陷入某种情感与思想中而对其他事物的敏感性降低，这种深陷的原因可能是外在的较大与持续性刺激，也可能是人们自我强化的结果。且常有情绪化特征，因情绪化本身就是人的生理与心理在受到较大刺激时所产生的行为变异，只是这种变异可能是短暂、不稳定和可恢复的。

或者，人的变异产生于长时间量变的积累而没有明显的情绪化特征，如长期的病痛与不断的失败让人慢慢地变得绝望，或者长期的疑惑与压力让人逐步变得呆滞、怕事等，但质变时还是会有一定的情绪化反应的，尽管不明显，或者只是因为人为地控制了这种情绪化的反应而让人难以发现而已。

当然，人们深陷于某种情感思想中与情绪化反应有密切联系，表现为当人们深陷一感受中，很容易产生情绪化反应，而人们对一事物的情绪化反应也容易让人的情感与思想深陷其中。

二是变异方向的不确定。这是由于人们在受到事物的强烈刺激时很不稳定，即此时人们原有生理与心理的稳定状态被打破，新的稳定还有待建立，而如何建立还存在不确定性与随机性，此时环境的影响与他人的态度就很重要。

如失败既可能让人变得坚强，也可能变得消沉，这时我们如果及时地给予帮助，就能让对方变得坚强而不是消沉。

或者在他人处于情绪化状态时，我们应该冷静与正确引导，而不是盲目地得出结论与情绪化地对待，以便使好的变异产生，不好的与不符合自己需要的变异受到扼制。

如一个人受到批评，尽管批评者是善意的，但无意间一句话或表情就可能让人感觉到受辱与不公平，并因此产生情绪化的反抗心理，但这种反抗心理又很不稳定，既可能很快消失，也可能变得更有敌对性，或者变成不明显的持续负面情绪等。这时批评者就要冷静，在发现被批评者出现抵抗情绪时就要改变批评方式与语气，或者改变环境与时间再交流，不要让事情变坏。

今天，人们的个性与思想获得了很好发展，好奇、理性思考与了解真相的欲望变得比较强。于是，当一个人有想法而不让其表达，有追求却不能去尝试，或者不让人了解真相与逻辑等，这都会刺激他人而引发不必要的、常常是坏的变异产生。因而，及时增加沟通与交流，并尽量做到公开与公正、科学与规范，这样就能减少不好的变异发生的可能。

　　三是人的生理与心理特征具有明显而持续的改变。变异常常是短暂和可恢复的，即人们在产生较大行为波动后能很快恢复正常，这种变异的意义不大。如一个人在受到他人语言攻击与不公正对待时常常会产生情绪化反击的冲动，但可能很快冷静下来。

　　然而，当人的生理与心理发生不可逆转的变化时，就会使变异具有持续性。因为人的行为建立在特定的生理与心理基础上，如"一朝被蛇咬，十年怕井绳"的永久记忆，或者受到严重而持续的人身攻击产生对他人习惯性仇视和恐惧心理。以及相应的生理变化，如身体通过持续释放肾上腺素或皮质醇之类的荷尔蒙来应对压力，并因此导致人因为体重增加、血糖与血压长期处于较高水平等不良特征而变得脆弱，即遇到压力与新事物就会产生紧张不安和恐惧。

　　情绪化产生于人的某种感受能量的释放需要，所以不难理解情绪化变异的短暂性，如聚众狂欢、受刺激时的惊叫与失败后的短暂痛苦等。

　　然而，当短暂的情绪化反应仍不能满足人的能量释放需要，或者在情绪化过程中仍在持续受到刺激时，人们就会通过持续与更强烈的情绪化反应来实现能量的释放。由此就可能造成人的生理与心理的不可逆转的变化，其短暂的变异就会演变成长期与真实的变异，其意义也就重大且需要我们关注。

　　物质都具有稳定的要求与能力，且我们把物质维持稳定的能力称为承受力，而变异是这种承受力被破坏时的情形。于是，对于行为调整我们可将其理解为人们对较小的事物刺激做出的适应性变化，是人在生理与心理相对稳定的情形下做出量的适应性改变。而对于行为变异我们也就可将其理解为人们受到较大刺激时相对稳定的生理与心理状态被打破后的反应，是人的生理与心理活动产生了质的适应性改变，尽管有时改变很失败。

补充说明：物质都有稳定的要求，并具有维持稳定的能力与运行机制，而环境的变化总是在考验与打破这种稳定，于是事物总是通过适应性变化与变异来力求产生新的、更强的稳定，如此循环。

而人类通过日益强大的思想、技术以及良好的社会制度来进行有计划的改变和变异，从而更快、更有效的进化出更稳定的生活。

于是，我们在衡量一个人、一个社会的好坏时就应有两个指标，即幸福与稳定。其中幸福是人们对生活的表面反应，而稳定才是生活的质量体现。因而，尽管人们生活幸福，社会也很富有，但稳定性变差而容易受到环境变化的不确定性影响，其生活就不是完美的生活，社会也就是有缺陷的社会。

学者研究发现，在出现较少或者较小的错误时，人们能做出平静与理智的反应，如把失败作为有用的经验，或者促使人们更热情地工作。显然，这是人们处于一种健康而积极的稳定状态，这也就是失败的刺激小于人的承受力的情形。

但如果错误较大与太频繁地失败，其积蓄的负面情绪就会难以控制，人们受到的压力就会大于其自身的承受力，人的大脑就会在恐慌与无赖中变得消极并忘记正确的行为，于是效率低下，错误一个接一个，这就是变异了，且是坏的变异。其结果就是人们变得胆小怕事、无所作为，此时人的生存能力与生理机能变差，稳定性也就不如从前了。

或者人们在重大挫折面前能意识到生活的艰辛，因此成熟起来并很快把自己的更多潜能调动起来，较大程度地提高自己的工作热情与改善工作方法，这也是失败的刺激所导致的人的稳定能力的变异，且是好的变异了。但考虑到原有稳定已是比较好的状态，其稳定性也是在逐步、量变的提高，也就没必要去理想化与冒险地想做更大的改变了。

因此，变异是事物给人的刺激大于人的承受能力，即人的生理与心理的稳定状态被打破而产生重新寻找稳定的情形，且由于新的稳定还有待形成，而能否形成、何时形成、形成什么样的稳定还存在不确定性。因而，我们又可将情绪化理解为人们在重新获得稳定前的恐慌（焦虑新的稳定何时能形成、不能确定新的稳定是好还是坏）、痛苦（预期到自己的生存能力低、稳定状态变差）和兴奋（预期自己有更好的稳定状态）的反应。

生活总是在变，但当人们没有发现特别的意义与必要性时是不会去改变其稳定的习惯和现状的。因为这不仅要消耗人的能量，还有不确定性风险，即可能将自己的生活稳定状态降低与变得更差，除非是不得已或者认为改变是必要的。如工作与环境，我们既希望其变得更好，但又有恐惧感，而这种恐惧就是担心生活变得更差、更不稳定。

其实，人的情感产生与表现，即人的喜怒哀乐都是建立在稳定的意义上的。如我们为得到财富与地位，或者寻找到了答案而兴奋，这不是简单的需要得到了满足，而是自己的生活变得更健康稳定了。

于是，我们不难理解当人们的追求获得成功、工作受到表扬、思考有了结果时，人们的反应就是积极的，人的心理与生活也会变得更稳定和健康。而人们在面对失败、受到他人攻击时，人的反应就是消极与恐慌，因为这意味着人的生活与心理的稳定状态可能变得更差了，生活的质量可能会变得更差。这也就不难理解，当一个人、一个群体与国家在面对外来势力而处于弱势时，就会产生恐慌、并力图表现出自己的正确与成功来获得安慰和自信的原因，并因此可能产生坏的变异，如伊斯兰教的保守趋势，人们在生活中变得太固执。这是需要我们注意与警觉的，也需要强者的善意和耐心。

然而，生活中决定人们变异的环境、个人态度与承受力是可变的，其影响因素众多，这就需要我们更多的思考。

如对于人的生理稳定性来说，其承受力主要由其生理机能决定，改变的机会与可能性较小，但仍可通过努力得到一定改善从而有利于稳定性提高，如通过医学技术、合理饮食与长期锻炼等提高人体素质与免疫力等。

而对于人的心理稳定性来说，其似乎要复杂而有意义得多，因为决定与影响其承受力的不仅有相对稳定的生理因素，而且有可塑性强的性格特征与思想，还有随时变化的知识与环境因素，这为我们提供了丰富的想象与探索空间。

我们总结出能影响稳定性与变异的几种方法：一是改变承受力法；二是平淡法；三是转移法；四是刺激法。

所谓改变承受力法，就是改变人们对事物刺激的承受力，使其不好的、与我们需要不相符的变异不容易发生，或者相反，使得好的、符合我们需要的变异容易产生。

当我们感觉到他人有不好，或者与我们不需要的变异发生的可能时，就需要提高其承受力，如提高其心理素质与知识水平，使其在面对生活时变得更成熟与稳定。或者给予警示，使其对坏的结果产生预期而注意防范，如争吵时提醒其注意文明以及与他人关系恶化的后果。

常言道："学好三年，学坏三天。"这其实是在提醒人们变坏很容易，从而要注意不好的环境影响，这样你就无意中提高了警戒与对不良生活影响的承受力。于是，当有人鼓动你为吃喝玩乐去偷去抢时，你就会有意识地控制自己，不为所动。

或者相反，让人们认识到改变的意义而减小其心理的稳定性以增加其向好的变异发生的可能，如对道德意义的理解和宣传可增加人们对道德行为的敏感性与需要；

认识学习的重要性而有利于改变贪玩的习惯等。

然而，生活是复杂的，有时人们出于良好的愿望却难免做出不好的、对他人有害的行为。

如有一学生具有考上一流大学的条件，他也有这样的想法。但在竞争激烈，以好成绩、考取名校来看待一学生是否成功的时代，老师忽视了学生的思想与品格教育，家长总是不厌其烦地谈成绩与名校而对其他生活一概反对，这让该学生感到特别大的无聊与压力而发生了负面的情绪化反应和行为变异，并表现出不与家人交流甚至不愿参加考试的行为。

造成这种与人愿望相反的变异的原因就在于学生对学习的承受力下降。因在正常情况下学生对学习的承受力取决于其对学习的理解、兴趣、健康的情感生活，其中对学习的理解与兴趣主要由自己决定，而健康的情感生活是多方面的，如娱乐、与同学交往、亲情等。

于是，当健康的情感生活得到满足时，其心理就会变得稳定些，对学习的承受力就较大，反之较小。或者当家长与老师让其认识到成长的曲折与艰辛，让其理解自己的潜力与更多的学习意义而获得更多的乐趣时，学生对学习的承受力就会增加，从而能更多地承受学习压力，并可能产生好的、更积极的变异。

但是，当教师与家长对学习的强调已无新意，对其正常的娱乐与情感生活表现出不理解和排斥时，就会导致学生学习的承受力下降，以致产生情感波动和相反的变异。

这就是说，当人们处于较好的稳定状态，即有利于他的健康成长，或者说稳定性是在逐步增强时，我们就最好不要盲目地干扰它，以免产生不好的变异。

当然，如果学生有较大的学习潜力而不能很好地控制自己，如比较贪玩，则我们还是有必要更多地激励其学习，甚至增加压力让其产生好的变异。

遗憾的是，许多家长本身的知识与认识能力有限，而对学生的学习又特别重视与敏感，以致采取极端的措施，如家长在学生产生不好的情绪化反应后把学生关在小屋，以不允许吃饭或者自己不吃饭来威胁等，这就可能进一步刺激学生的不良情绪化反应以致产生永久的坏变异。

由于变异是因事物刺激而产生的，所以我们可通过减少事物的刺激程度来控制人的变异。

这可能有些让人不理解，因为在他们看来事物对人的刺激是由本身的意义决定的。其实不然，许多情况下一事物对人的刺激程度还取决于人的态度和认识，所以可以通过我们的努力来改变一个人对事物的反应程度。

"平淡法"就是在他人可能出现变异之前让其感受到这种刺激是司空见惯的，或者认识到这种变化与刺激是正常的，尽量使事物变得平淡从而减少其所受刺激的程度。让人的紧张与压力减少而恢复平静，人的生理与心理稳定状态就不容易被打破，不好的变异也就因此化解。

如当一个人受到伤害而深陷情绪化的痛苦时，我们可让其认识到人人都会有失败与成功，受到伤害也难免。或者讲述其他更严重的受伤害事例，或者告诉他伤害他的人本意没有那么恶劣，如是一时的情绪不好所产生的意外等，让其感到他受到的挫折与打击并不是太坏，这就让人能平淡地对待该事物而不至于受到太大刺激，特别是在一个人受到持续伤害时，我们的帮助与态度就显得很重要。

或者相反，我们也可让人们感到事物不平淡而增加变异的可能和机会。如一次平常的奖励与惩罚，我们可夸大其意义，让人们产生积极的态度，实现对生活有意义的改变。

再者，还可用"转移法"对变异产生影响，即当一个人深陷于持续的负面情绪化感受中时，为了不产生坏的变异，我们就可用有意义与更刺激的事物来使人们产生感受转移，即与前两者不同的是用新的事物刺激来转移人的感受以阻止不好的变异发生，或者产生新的变异以回归正常。

如地震受灾儿童在失去亲人的持续痛苦中很难恢复过来，并可能产生严重的心理障碍，这时我们就可采用感受转移法，即让他们做其平时想做而做不到的事，跟自己喜欢的明星见面，到新的、优越的环境去生活与学习等。

另外，即使人的行为发生了坏的变异，也能通过转移法来重新改变，只是这时的改变更困难。

最新的研究认为，记忆就像是放在书架上的独立文件，每次把它们取下来打开看时，都可以在放回书架之前对它们进行修改，这种经历导致的神经联系就会发生改变。

如汽车发生爆炸可能使得一个士兵紧张与恐惧，因为巨大的声音在他的记忆中是与战斗联系在一起的。但是，当生活中反复出现非恐惧性的事物联系，如在发生汽车爆炸时注意提醒他感受真实的环境，这种记忆与神经细胞连接就会得到修正，从而听到汽车爆炸声音时不再感到恐惧。

最后是"刺激法"，就是在人们处于持续的不良状态与发生坏的变异后，让其受到某种强烈的刺激而产生新的变异从而改变现状。

刺激法与转移法看似相同，但有实质的区别。

首先，转移法主要针对的是处于较轻程度的变异者，或者说转移法相对刺激法本身就是一种较温和的刺激与手段，是相对容易改变的。如处于变异过程中的变异者。而刺激法针对的不仅是正在变异的，也可能是变异后比较稳定时的情形。如一个人失去亲人后很痛苦，以至于失去了工作与生活的热情，对什么都不感兴趣，此时就只能用强烈的刺激办法了。

其次，转移法具有很强的目的性与可控性，且常常是良好的刺激与变异。而刺激法的效果却常常是无法预知的，即通常只管去刺激，至于会怎么样是不能很好把握的，有"死马当活马医"之意，但意义在于人们"处于很坏情况下的改变常常是好的"，且这种刺激相对容易、简单。

如对于一个始终不能醒悟、沉溺于不良习惯的人，在我们用尽各种良好的手段都无效果时，就可以用极端放任自流的方式，或者用极端的语言与惩罚来刺激他，至于结果如何就只能听天由命。也许能有好的结果，也可能变得更坏，但变好更有可能，因为已经够坏了。

或者，当小孩总有太多的不合理要求时我们可先用较轻的、可控的转移法，即用好的、更合理的事物去刺激、吸引他，若不行再用刺激法，如故意不予理睬，让其不满情绪得不到发泄而产生变异。当然，在这种情况下所产生的变异有可能是好的，如小孩不再有不合理要求了，也可能变得更坏，如不与大人讲话和沟通，但变好更有可能，因为已经够坏了。

在改变一个人的生活时，有一个残酷和近似迫害的刺激法，即将一个人、一群人封闭起来，并进行强化训练的"洗脑"。这种刺激法虽然简单，但变异也具有很强的不确定性，如可能使一个人变得更具反抗性，或者导致精神失常。

实际上，一个人的心理活动是很复杂的，其在意什么、当时在意什么以及受到刺激后如何反应、反应到什么程度等我们是很难把握的，因而刺激法既有"死马当活马医"之意，也是因思考与选择的代价太大而产生的近似无赖的行为。

当然，对于行为变异，我们还有其他一些手段或者辅助方法进行干预。如通过药物治疗，或者在发现一个人遇到不幸时，为了让其尽快恢复平静和正常的生活，我们也可用"发泄法"，就是提供一种能使其发泄的环境。人的发泄是很容易实现的，但如果人们太过看重它，并作为一种减少人痛苦与影响他人的手段，那就太简单而肤浅了。

然而，手段的选择取决于不同的情况，因而如何判断一个人的情绪反应的性质与变异中的不同状态就是一个很重要的问题。

在人的心理治疗中，人们很容易犯这样一个错误，就是不能区别对待不同的情绪化心理状态。如当某人失去亲人而痛苦时，我们主观地认为他这样下去很危险而不断地刺激他就可能适得其反，因为此时他的情感很脆弱，有可能出现意想不到的变异。

而当他们本身希望从不幸中恢复过来时，也能通过自我发泄与转移感受来摆脱其恐惧和痛苦的阴影，这种情况下我们若用平淡法去让他们回忆与再次感受相关环境就可能会增加他们的不安，甚至还可能会恢复其痛苦情绪。而在他们因受到过度惊吓而需要采用平淡法时，你却过早地去转移感受，也是很不合理的。或者一个人能通过转移法变好时，你却用残酷的刺激法让人反感与仇恨而可能产生坏的变异。

然而，不管什么情况，最终都需要我们的帮助，并尽可能给他们创造好的机会与条件，只是要注意时机与方式的选择。

干扰论

我们习惯了传统与经验，同时又需要变化，因而我们时常会产生这样的疑问：我们有必要改变吗？他人的干涉我们该接受吗？

改变是痛苦的，但新的生活常常更美好。

人的行为总是相互影响的，且这种影响又可分为思想影响与印象影响。思想影响就是通过改变他人的认识来影响其行为，如他人在思考时你把自己的想法与理解讲出来，或者通过教育、交流与欺骗等使他人的思想发生变化，而印象影响就是通过人们对一事物与行为产生或者加深印象来影响其行为的情形，如示范与宣传、反复的提示等。

当然印象影响与思想影响常常是同时进行的，如大家在工作时你去休息，这不仅给人形成休息的印象影响，也是提示他人应该休息了的思想影响；选举前公布民意调查，这不仅给人某人会当选的印象影响，同时也给人一种思想影响，即好像别人都是这样认为的，是正确的选择，而你也应该如此。

思想影响是抽象的，常常需要被改变者的意志与努力才能取得效果，而印象影响因产生于感官与本能而显得比较容易，且人的大脑工作能力与时间有限，于是在决定做什么、不做什么与做多少时人们就更趋向于受印象深的事物影响，从而印象影响往往更普遍、更有效。 如当他人选择或趋向于某种生活方式时我们往往会产生同感和相同选择的冲动，而不去理解为什么、有多大意义与有无必要等。所以，我们又把人们生活间的相互影响分为有意识影响与无意识影响两种。且当人们有意识地通过一定手段，如说教与欺骗等对他人施加影响，以使其行为满足自己的需要时就是有意识地干扰，有意识的干扰常常需要干扰者的努力并付出代价。

广告宣传是一种典型的有意识干扰，即通过增加大众对产品的感受来影响其行为。且当广告宣传通过真实与科学的介绍来影响人的行为时就是思想干扰，而当广告只是通过重复性的宣传来影响人的行为时就是印象干扰。由于印象干扰更容易，这就造成了广告宣传常常采用生动优美的画面、奇特的语言，不断重复其品牌意识等方式给人更大刺激与更多感受机会以增加其印象影响。

生活需要干扰，因为对于一些重要的事物，如果我们不去创造一个让他人感受的机会与条件，那么他就很难感受到，其生活就会因此失去相应的意义而令人遗憾。

当然，有意识干扰也可能是带欺骗性的、非理性的，其目的仅仅是使他人的行为符合自身利益需要。如制造排队购买某种商品的假象，好像这种商品物美价廉；他人在思考时把自己不成熟、自私的想法很认真地讲出来，好像经过自己认真思考、很客观公正一样；本来是一个无意义的甚至错误的思想，却以权威、科学的形式发表出来；算命先生故作神秘，好像必然如此等。这就需要人们成熟起来，保持警惕，并加强道德约束与社会监督。

生活的选择只有一种，且这种生活可能完全不适合你，至少不是最适合你的，只是因你最先感受到与印象深刻而习以为常了。何况知识与环境在变，因而人们在多数情况下没有必要拒绝新的生活尝试，固执与排外常常是幼稚与愚蠢的表现。

从理论上讲，印象是感受的结果，即感受必然导致人们对事物印象的形成与增加，反过来说，人们对该事物印象的增加又会导致该事物对人的更大影响，这就形成了选择与印象的循环：生活中人们总是选择印象深的事物，而结果是，人们对该事物的印象进一步加深，生活受其影响也就更大，并如此循环。

生活中，人们最容易感受以及印象最深的是自身生活的环境和经验，且时间越长人们对这种特定的环境与经验的依赖越强。因而我们也就不难理解，人人都一定程度上生活在自己的有限经验与所处的狭隘环境中，并因把自己片面的生活与情感思想看得过于重要而出现交流和交往的困难，产生矛盾与冲突也就难以避免。在生活的社会化与全球化的今天，如果我们仍局限于狭隘的情感与特定的生活方式就显得有些可悲。

生活是对环境的适应，因而，不同的生活环境形成不同的经验与文化是必然的，也是必要的，但改变与发展也是我们需要的。因为我们生活中的许多坚持与固执，常常不是因为其重要与正确，而是因为我们深陷于狭隘的情感与思想世界中，因而改变与如何改变就成为我们生活中时时要面对的重要问题。

我们的情感与思想也容易受到当时的生活刺激而产生情绪化冲动，导致改变的困难。如当我们正在欣赏音乐时要我们去工作就会难以接受，尽管这时工作的意义很大、我们去工作很重要。或者在争吵时我们可能陷入一种敌对情绪与必须取胜的情感思想中而要我们冷静和友好更是困难，这些也是我们需要克服的盲目与狭隘的生活冲动。

其实我们的生活一直在改变，只是在习惯与改变之间应有一个合理的安排。显然，当我们对生活的改变太过盲目与冲动时，我们就会感觉到难以适从与恐惧，失误与失败就会增加而得不偿失，如对外来生活与思想完全照搬而对传统和经验全面排斥所导致的混乱。但人们沉迷于自己的经验与传统而对新事物和外来思想一概抵制，这也是错误的，因过去的经验与传统随时可能失去它的积极意义而成为生活的负担和发展的障碍。

极端的情况是人们生活在一种自以为是的狂热宗教信仰与革命情绪中而把不同视为威胁，或者拒绝交流与帮助，这就是可悲的，也是现代文明难以接受的。

生活是发展变化的。在信息与技术、人的情感思想和知识高度发展的今天，人们总容易产生各种欲望，从而对他人生活影响的需要与可能是增加的，社会对个人、世界对各个国家与民族的要求越来越多，也越来越高，因而，生活中的干扰也就会越来越普遍。

当一个人、一个群体的生活很不理性，如过分保守、偏执与危险好斗时，我们就有必要让其改变，即有意识地干扰其生活。

有意识的干扰又可分为强制干扰与非强制干扰两种。强制干扰就是通过威胁与惩罚等手段，让他人在压力与痛苦中被迫改变；非强制干扰是指人们在平等友好的交流、交往中受到影响而自觉改变的情形，且不同的生活所需采取的干扰形式不同。

首先，许多美好与符合自己需要的事物是人们容易感受的，也是人们愿意感受的，如能提高效率的生产与减少痛苦的医疗技术，或者令人愉悦的生活等，只要能给人提供一个接触、感知的机会，自然就会成为其生活的选择。

实际上，只要一事物能给生活带来享受与激情就会被大家喜爱，并自然演变成现代生活的内容。

如西方平安夜与狂欢节因其体现了人性化的生活要求，即在繁忙的生活中需要静心思考，人际关系淡化时需要美好的祝愿来唤醒道德与亲情，人们在面对压力与烦恼时需要自我释放，这自然使得其容易被我们，尤其是年轻人接受。

其次，一些具有深刻、长远意义的生活需要人们艰难的理解与痛苦的自我否定才能形成，这时我们就有必要创造条件和机会，如让人们到异地与特别的环境中去感受，或者通过有组织的学习与相应的援助支持等。像健康的生活习惯、科学的成长方式、先进的管理方法等，不仅需要人们学习理解，还需要改变一些自以为是的习惯，更重要的是还要有人因此失去利益，因而如果没有帮助、压力与斗争，人们是很难做出改变的。

我们强调"软文化"，就是让人们在平等与友好的交往中感受更有意义的生活，改变在特定环境中形成的狭隘习惯，减少传统与特定经验对发展的约束，实现生活的非强制"干扰"。

强制干扰是一种针对少数人和特别群体在极端的情况下所采取的干扰形式，不仅代价大，风险也大。于是，当我们没有能力与条件去强行改变他人落后和危险的生活方式时，也应耐心地等待，友好地交往，绝不能盲目地去刺激而产生不信任与仇视的情绪，以至在发生更坏的变异后又无能为力，这就是非常坏的强制干扰了。

如平等、坦诚的对话与交流、公开透明、崇尚道德与个人自由等这些健康而科学的生活尽管需要被普及，但不能急于求成、简单而冲动，让人感到陌生而恐惧，而应有更多的包容与等待，并学会欣赏与尊重不同，否则就可能事与愿违地面对痛苦与混乱。

显然，这种有意识干扰与改变不是要人们放弃传统和经验，而是要人们更人性、更具有发展与开放的态度去对待传统和接受日益文明的生活，以使不同的人、不同的民族与国家能和谐共处，在相互学习与友好往来中接受先进的生活方式并共创美好的未来。

因而对待他人的影响与外来文化的干扰，我们也就不能盲目地排斥，将其视为对自我生活与权力的"干涉"，而应该理性对待、反思自己。

当对他人的生活进行干扰，即以代价付出来增加其某种感受时，其感受印象的增加量是远大于相应的代价付出量的，或者说增加感受印象所付出的代价远小于减少感受印象所付出的代价。这是一个不可逆转的、有意义的感受规律，这也是干扰的必要性与理论依据。

如有百事可乐和可口可乐两种饮料，在人们不知道喝什么的情况下如果厂家以赠送的形式让人先喝一瓶可口可乐，则其形成的相应的生活印象与习惯就有利于该商品成为他以后的选择对象。

而在他形成可口可乐消费习惯与生理适应后，要其选择百事可乐而放弃可口可乐就很难了，可能需要厂家以多倍的赠送来使人们选择陌生的百事可乐而不是有经验印象的可口可乐，其代价会明显增加。

又如小孩与一群"坏人"在一起，整天不学习，到处惹是生非，如果我们顺其自然，显然他会在"坏"的道路上越走越远，其实就是改变的代价越来越大。这时我们就需要尽早付出代价来改变其生活习惯，如严格的教育和管理，去新的学习环境重新培养其好的生活习惯，或者帮助其重建有意义的生活兴趣等，由此打破原有的恶性生活循环，显然这种干扰的代价付出是值得的。

这就是说，为了改变人的习惯与行为方式，我们有必要付出相应的代价与努力来干扰。相反，如果认为自己的生活选择是正确的、美好的，就有必要提高自己抗干扰的能力，即增加自己的生活热情和信念来抵抗外来的不良影响。

或者，当我们意识到有更美好的生活可选择、自己有不良的习惯而处于自我伤害的负面情绪中时，就应主动地、积极地去尝试改变，实施艰辛的自我干扰，以实现生活的改变。

如当发现冲动的性格不时给自己带来伤害时，就要在情绪发作时进行自我控制，像做深呼吸、用某种事物与联想来警示自己等。

英国著名作家塞尔玛在成名前曾陪伴丈夫住在一个沙漠的军事基地，常常一个人待在基地的小铁皮房子里，沙漠里的天气热得受不了，加上远离亲人，身边只有语言不通的墨西哥人和印第安人，她难过得想离开。然而她最终选择与当地人交朋友，他们的友好反应让她惊讶。当地人看她对他们的纺织、陶器表示出兴趣，就把自己最喜欢的又舍不得卖给观光客人的纺织品和陶器送给她。

同时，塞尔玛研究那些引人入胜的仙人掌和各种沙漠植物，观看沙漠日落、寻找海螺壳等，原来让人难以忍受的环境变成了令人兴奋、流连忘返的奇景与现实。

这样，作家塞尔玛得到了幸福与体验到了美好的生活意义，而其原因就是在新的环境中改变了生活方式，实现了自我"干扰"与生活重建。

显然，若她放弃不下原有的经验与习惯，总想回到过去，就可能失去非常有意义的生活和幸福的机会。于是控制好自己的情感，从传统生活中走出来，强迫自己关注现实，走进她不熟悉和陌生的生活，克服一系列障碍，如语言与气候的不适应等就是在实现艰辛的自我干扰。

生活时常需要改变，这样人们才能获得更多的享受与意义。因而，学会倾听、理解与欣赏不同，时时约束自己任性与听从他人的劝告就很重要，特别是在情绪化争吵与冲突中。

改变意味着机遇、纠正错误，我们为什么对此感到苦恼呢？其原因就在于，我们太注重自己眼前的得失、难以摆脱经验与习惯的印象影响，这是非常令人遗憾的。

在生活现代化与全球化的今天，各种生活、思想与创新层出不穷，我们是不是应该以一种积极和乐观的态度去接触、适应呢？是否应该更多地审视自己的习惯与文化的合理性？是否要更加热情地培养自己良好的生活习惯和开放的态度？

改变是痛苦的，是需要人们付出代价，尤其是人们长期形成的习惯和自以为是的传统。但改变后我们会发现新的生活要美好得多。

从生存经济、计划经济到感受经济

今天，我们进入了以注重个性与享受过程为特点的感受经济时代，它有别于追求效率与结果的传统经济，其社会发展已体现为三个阶段：生存经济阶段、计划经济阶段与感受经济阶段。

生活是人的需要获得满足与发展的过程，而人的需要首先是生存需要，且在相当长时间里，人类生活主要以生存为目的，我们称之为生存经济。

生活总是在发展的，由于人体可消化的食物、日常所需的物品很有限，人们在这些基本的生存需要得到满足后，必然产生新的、更高的追求，于是开始了以"耐用品"为特点的生活时代。这种"耐用品"不仅是指大件的物品，也包括土地的扩大与金钱的积累、个人地位增强与家庭和国家的繁荣等，我们称之为计划经济。

计划经济也即传统经济，它以稳定和富足为目的，生活表现出固定与重复的特点，并强调原则、效率与权威。

在计划经济中，虽然生活取得了进步，但仍存在一些不确定性与危机因素，如自然灾害与流行疾病的发生、不同国家与不同文化的冲突等威胁着人的生存、危害着人类生活，于是为了稳定与富足人们就必须遵守一定的基本原则。

所谓原则，即生活的基本要求与行为准则。它首先是指生存的保证，如吃穿的满足、家庭的供养等；其次是社会责任感，如集体与付出意识等，以及由此构成的经验与文化习惯，如勤劳节约与尊老爱幼、服从权威与崇尚英雄的精神等。

所谓效率，即在计划经济中人们总希望以最少的时间和代价来实现更多的收益，于是艰苦奋斗、勤俭持家、以最快的速度实现增长与发展等就成为人们的理念。

由于计划经济具有很强的重复性与可预期性，因而人们要实现什么、如何实现等都可以事先做好安排和规划，这时工作的经验与生活的原则就很重要，因而具有经验的长者与制定规则的权威受到人们的尊敬也就是一种必然。

同时，人们对自然灾害与外敌的恐惧，加上生活中对一些纠纷进行有效的处理，也促进了人们形成重视传统、尊重长者与顺从权威的生活观。

因此，为了遵循原则与传统、服从长者与权威，人们在生活中需要不断计划自己该做什么、不能做什么、如何做等，认为对的事要不厌其烦地做，错的事怎么样也不能做。

于是，人们上班是为了自己与家人有吃有穿，力争过上稳定富足的生活；人们上街是为了买回早就计划好了的生活用品；生活中的是非由长者与权威说了算，对外则表现出强烈的集体意识与爱国热情等。这些都是计划经济的生活表现。

同吃穿受人体生理能力限制一样，耐用品的发展也会受到时间与空间的影响、受特定的人员和环境条件的约束，即发展这种特定的耐用品仍有瓶颈。更重要的是，随着这种数量化与社会化的耐用品有限资源的获得变得日益困难，即竞争与压力越来越大，人们开始厌倦这种重复与形式化的生活，于是寻找各自不同的感觉，珍惜生活中的每时每刻。

当吃、穿、住等这些必需的生活得到满足，而严重的疾病、自然灾害与内忧外患等危机也基本消除后，传统的生活观念不可避免地瓦解，权威也就失去了存在的意义，生活中需要人们坚持的原则与服从也就不存在了，生活也就自然进入一种以追求个性和享受过程为特征的、充满激情的感受经济时代。

感受经济表现为人的生活更多地受当时不断变化的环境影响，其特点是强调生活的个性与随意性。此时，由于人们情感与生活已变得丰富，也就自然开始厌倦固定与重复的生活，更厌倦财富积累带给人的持续压力，由此热心于自由与放任地生活，并注重过程与享受当时的环境，这与过去所谓"情感必须服从理性、生活要讲原则"的传统明显不同。

此时生活不再强调结果、形式与专一，而是灵活的享受过程以及体验当时的环境，即它打破了传统生存经济所受到的生理限制，也摆脱了耐用品发展所受到的时间、环境条件及特定人员关系的制约。

如人们充饥时可随意听听音乐、聊聊天，而听音乐与聊天时也可充饥，同时聊天对象也灵活多变，如不再依赖固定的亲人与朋友甚至环境，而是性格与爱好相同的人，且随通信和交通技术的发展可在更大范围内进行交流与交往。

于是，人们可以不上班，也可以不回家，只要自己一时兴起与需要就可以调整一下自己的生活；人们上餐馆吃饭，首先考虑的不是充饥，而是体验味道，感受环境和服务态度以及朋友间友好的交流；找对象时人们不再是为了传宗接代与父母意志，而是为了享受爱的过程，因而有感觉就来往，没感觉就分手；人们上街并没有事先考虑做什么，而是在街上找感觉，因而遇上自己喜欢的，可随意购买，即使物品可能没有机会使用；文字与语言也可以不讲规范与完整，而是简洁与随意，只要人们能感受到特定的意义、体会到某种意境等。

这样我们就不难理解在计划经济中，工作是为了收入与今后的生活安排，而在感受经济中，工作是一种享受与参与；以前占有财富、积累财富才是成功的生活，而现在创造财富的过程与共享财富就是美好和成功的生活；对待落后的民族与国家不再是掠夺和排斥，而是文化多样性地欣赏与人道援助；在生活中我们也没有特定的敌人与朋友，而是友好往来、平等互利。

在计划经济中，人们的生活是以财富多少与地位高低为目标的，而财富与地位很容易比较、也需要比较来确定自己的成功与得失，因而一个人的幸福常常建立在他人的痛苦之上，并因此损人利己，人际关系恶化，从而也决定了计划经济中人们的生活效率与幸福感的低下。而在感受经济中，由于人们分享财富、共享生活而有利于人们和谐共处，也就能因此提高了生活的效率与幸福感。

因而，在感受经济生活中若人们仍热衷于个人得失与财富占有就显得愚蠢了，此时财富与权力给人带来的可能不是轻松、享受与激情，而是孤独、负担与痛苦。

传统经济强调的是稳定、效率与发展，而感受经济强调的是创新、个性和生活的过程；传统经济强调的是权力、秩序与服从，而感受经济强调的是平等、自由与个人权力。

因此，对于物质生产与消费，以往人们注重的是生产的效率和产品的功能，而现在强调的是交流与共享，注重的是过程的美好。

生活是一种感受，它产生于人的感官与理解，其中理解是抽象的，需要人的较强意志，而这种意志在传统生活中确实不值得一提。但现在由于生活与人的情感思想变得丰富，人们就容易受到环境的影响，意志的产生就很难。

此时由于生活中已没有特别重要的原则需要遵守，可供人们选择的生活又太丰富，且人们在选择时还可能会产生各种负面的比较情绪，故在许多情况下人们思考与选择的必要性就不大，于是人们开始跟着感觉走的感受经济的形成就成为必然。

补充说明：当我们对事物意义的理解越多、越抽象时，各种事物意义的相同性就越多，事物间的相似性就越大，其原因在于满足人们精神需要的意义具有普遍性，这时人们追求固定生活的意义就减小，生活的随意性因此增加。

随着社会的发展，人们在获得更多享受的同时也变得"懒惰"了，因而，尽管感官感受的意义不大，人们也会深受其影响，这也是人们容易受到广告宣传与各种随机事件影响的原因。

一旦人们确定生活的目的是享受，这时享受的激情就不仅难以控制，人们也不愿控制，因而在生活中开始追逐时尚、崇尚明星就是感受经济的表现。

感受经济也并不是说人们在生活中不需要思考与追求了，而是可思考与可追求的生活机会少了，随心所欲的生活机会多了，行为变得单纯了。这好像人的行为又变得盲目与冲动而无效率和意义了。其实不然，人的生活变得更有效率和有激情了。相反，我们认为许多传统与形式上的思考是不必要的，追求是无意义的，而对过程的忽视是难以让人接受的、是愚蠢的。

当然，感受经济也不是一种现在才有的生活形式。在生存经济中，生存是重要而艰辛的，并占据了人的大部分时间与情感，此时的享受是不需要刻意追求的休闲，如平淡的闲聊、简单的游戏等就是很好的享受了。

这就是说，在落后与效率低下时人们为了必需的生活满足，可能付出很多时间与精力，制定各种必要的有形与无形原则和要求来约束自己，自然情感由此不能得到自由表达与发展。

现在，一个人、一个企业与团队，如果没有感受经济新思想，不求创新、不尊重个性而仍强调服从和个人意志，就可能失去凝聚力和发展的潜力，并因此失去生存基础。

人们总是习惯于根据原有的知识来解释生活，偏好形式化地分析人的行为应该怎样，而不是去思考生活是怎样。如果我们的学者、专家不注重从现实生活出发，只在乎教条、习惯于模式化思维和形式化分析，纠结于似是而非的概念，真实的生活理论就无法产生与发展。

长期以来，人们注重物质生活而很少关注决定物质生活中人的思想感情与个性，于是形成了形式上的生活认识与人性的冲突、理论与现实的矛盾。如经济学朝着思想简单、形式复杂的数学化方向发展，而实际生活却并不按经济学家的意志发展由此产生各种矛盾与危机。

那种以固定的、重复性计划经济生活推导出来的经济学显然是片面的、是不能适应现实的，因为人的市场行为从来就不是单纯意义的，按产品的使用价值与成本来生产、交换和消费的，而是人的各种思想与感情的综合表现。

补充说明：感受经济也可分为情绪化与理性化感受经济。情绪化感受经济表现在工业社会初期，人的情感思想还不是很成熟时，在面对太多的不确定性所表现出太多的、容易情绪化的随机性。

于是各种观点、知识与思想不断涌现，各种习惯、文化与制度相互纠结，并在技术推动的社会化与全球化生活中产生太多的冲突与危机。

在这个充满个性与多变的社会，如果人们不能很好地思考与理解生活，人们的情感与思想也就会显得浮躁和混乱，并很容易接受一些似是而非的知识，摇摆于科学与宗教、传统与现代、理性与谎言之间，特别是人们在困难与困惑时，对传统与谎言、宗教与迷信还会变得很执着，这也就是情绪化感受经济的特征。

不仅如此，情绪化感受经济中人们不仅太容易形成肤浅的思想，还总是试图以自己不成熟的思想与随意的个性来证实自己的存在和成功感，并寻找赞同者与同类以试图获得影响和欣赏，由此热衷于排斥异己、打压不同。这不可避免地让生活变得混乱与痛苦甚至形成灾难性冲突。这也构成了一种社会性危机，我们称之为个人主义危机，它表现为人们在富裕后对精神生活的强烈需要与如何实现的矛盾，并因此形成人与人之间的矛盾与冲突、民族文化之间的战争。

然而，混乱与冲突也会诱导人们思考、探索，新的理论与成熟的思想也就必然会诞生，从而理性化的感受经济也就逐步形成了。

实际上，如果我们对生活细心观察与深入思考，就会发现问题的复杂性，并产生对生活的逻辑性与思想性的要求，行为也就理性得多，人与人之间也就容易友好相处，此时人们的情绪化感受经济就会变为成熟的理性经济。

理性的感受经济简单地说就是经济性程度高，此时人们的思想情感成熟，人们之间也就能相互宽容、理解，并尊重个性与欣赏不同，对生活也有共同的理解。如对生活的意义、人类的未来有明确的共识，道德与平等深入人心，这时人们不再是为各自的利益、个人主义与习惯文化而争斗，而是共享美好生活、共同去应对环境与为人类美好的未来而斗争。

第三章

比较是普遍性的心理规律

在这个充满个性与复杂多变的生活时代，人们似乎总在追求一个简单有效的原则，就是总希望比以前好、比别人强，以此获得满足感，并逐步形成了一个普遍的心理习惯：从比较中发现生活的意义，从比较中感受生活的乐趣。

比较的普遍性

生活中人们喜欢送礼，由于礼品的意义不仅是礼品本身，如价格，还有对礼品的联想，如对送礼者的态度理解，这就需要进行比较了。

假如礼品是价格一样的毛巾与被套，其中毛巾在同类产品中是最贵的，而被套就远不是这样。于是，对毛巾所产生的比较主要发生在其与更差的毛巾之间，得毛巾者更多地感到满意，而得被套者就不是这样满意了。

一个面包对人的作用有多大？从面包本身看无疑很大，因为它能为人们提供宝贵的营养与能量。但人们却没有这么好的感觉。道理很简单，如果食物很充足，即使没有该面包，人们仍可充饥、获取营养，且如果有更好的食物可供选择，人们还会因用面包充饥而感到痛苦，其原因就在于人们有联想与比较的心理要求。

生活充满了比较。

首先，生活中总是存在选择，而选择就是比较。如今天是去聚会、工作还是在家休息，这就要通过比较，看谁的意义大就选择谁。

其次，对事物的认识需要比较。事物的意义常常不是以其本身的内容来决定，而更多的是通过联想与比较，因为许多事物及其意义很难从其本身认识清楚，同时又不可能不受其他事物的联想比较的影响。

如今天老板把我的收入提高了10%，我当然会因此而高兴，但我也想知道为什么收入会增加、增加的意义有多大。这时就需要联想他人的收入情况来比较了，并据此做出反应。

于是，当发现大家的收入都增加了10%时，自己收入增加的意义就仅仅是其本身，即可多消费。而当发现自己收入增加得比别人多，或者别人没有增加时，其意义就还有老板对自己的重视，自己的努力与能力得到了认可等，这样自己工作与生活的热情就会增强。反之，当发现别人收入增加得比自己多，则收入增加的意义明显减少，并会考虑是否值得继续工作下去，这时收入增加给人带来的可能不是幸福，而是痛苦。

生活是一种感受，联想是这种感受的特点。因而一事物的意义不完全由其内容来确定，还受各种相关事物联想与比较的影响，但我们时常感觉到联想与比较的更重要与普遍性。

如上例中，我们对收入增长所做出的反应不仅是因为收入本身，更多的是隐藏在其中的意义，即通过比较认识自己的地位与发展预期比收入本身重要得多。

动物也有比较行为。人们做过实验，让两只猴子吃它们不太喜欢的食物，然后让其中一只吃它喜欢吃的食物，这时另一只猴子就会不高兴，且拒绝吃较差的食物。这就像一个人发现他人不比自己努力却获得更高的薪水而工作积极性受到影响一样，只是动物仅仅受当时直观的相同性比较影响，而人类除了有直观的感官比较外，还会做出普遍性与抽象性的比较，从而人的行为受比较影响的机会与程度更大。

最后，意识的产生也是比较的结果，即给人大脑刺激的变化与不同是相对重复、习惯和普遍性标准比较而言的，从而导致人们对比较的敏感与热情。

如在寒冷的冬天，下雪是一件很平常的事，但今年下雪发生在较温和的季节里，这时人们就会产生兴趣并予以关注，但这种兴趣与关注显然不是因为下雪本身，而是对下雪的时间与往年不同所产生的联想比较，这促使人们去思考其意义及做出反应。

生活中我们会对残疾人给予同情，而实际上残疾人常常比我们想象的要乐观与幸福，其原因在于我们太习惯于正常的生活，于是看见残疾人就会形成特别的刺激与比较而产生负面情绪。而对于残疾人来说，他们因习惯了残疾的现状，也习惯了面对太多的正常人和正常的生活情况，所以他们失去了因比较而形成的不同刺激与负面的比较情绪。

任何事物都有其特定的存在与表现形式，新事物总是与普遍情况和习惯比较而显示出不同，或者说变化总是相对于重复和普遍性标准而言的。没有这种相对性比较就没有不同，而没有变化与不同，人的大脑神经就不会受到刺激而形成意识与行为，生命也就失去了存在的理由，所以比较还是一种生物性本能。

因此，意识的形成、意义的理解与行为的选择都是比较的结果，这就形成了比较的普遍性。

生活是一种心理活动，而比较是这种心理活动的基本特点，这决定了事物存在的相对性，如乐与悲、好与坏、实与虚、真与假、有与无、动与静、大与小、有序与无序等，由此我们以相对性的比较来看待世界就也就是合理的。

生活也是这样的心理过程：人们首先是受变化与不同刺激而形成感受，然后以相同性比较来确定其意义，再比较意义的大小来选择行为。

如我们看见衣服认为它漂亮就是与太多平淡的衣服比较所产生不同刺激的结果。此时，我们以相同衣服的价格、品质与样式做比较来寻找其意义，最后综合比较各种生活情况来确定是否购买。

当然，实际情况会复杂得多，如感受的产生、意义的确定与事物的选择可能同时进行，难以区分。

事物意义不仅由其本身的内容与结构决定，也受相应联想的影响，因为人的某种感受神经一旦被某事物激活，相同的事物感受就容易产生，这就导致了相同与相关性的事物容易被联想而让人对该事物的认识产生影响，且其相同程度越大，其联想与比较越容易，对被比较事物的影响也越大。

生活中，人们喜欢送礼。由于礼品的意义不仅在于其本身，还在于送礼者的态度等联想，这就需要比较并有比较标准了。

假如礼品是价格相同的毛巾与被套，其中毛巾在同类产品中是最贵的，而被套就远不是这样，于是对毛巾所产生的联想与比较主要发生在与更差的毛巾之间，那么得毛巾者对礼品与送礼者更多地感到满意。

而对于被套就不是这样，因为被套在同类产品中远不是最好的，其联想与比较不仅发生在与更差的产品之间，也发生在与更好的产品之间，从而对被套的不满意更容易产生，送礼者的诚意就会受到怀疑，最终送礼的意义就会大打折扣。这就是说，礼品要尽量做到同类最好与新颖（相同性少）才能得到好的比较影响，给人美好的想象空间。相反，不利的比较影响让人痛苦因而需要避免。

比较是否容易进行，还取决于人们对比较事物的印象，且比较事物给人的印象越深，人们相应的感受神经就越容易被激活，或者越容易活跃，其联想与比较也就越容易，对被比较事物的影响也就越大；反之越困难。

假如收礼者对更差的被套印象深，如自己用的被套就不好，或者对更好的被套印象不深，如仅仅偶然听说过好像有更好的被套等，这对送礼者来说就很有利，因比较更多地发生在与更差的被套上，其礼品的作用与意义就会增加。

相反，若收礼者对更好的被套印象深，如常见他人使用，或者自己使用过，则对被套就会产生不利与严重不利的比较影响。或者同时有人送更好的被套，则不利比较就更容易发生，送较差被套者的尴尬状态可想而知。

而对于经验比较来说，由于是过去的经历，自然存在由经历时间长短所决定的印象大小，且当经历不久、经验产生时的感受印象深时，经验对生活的影响就大，即联想与比较容易。反之，我们不难理解，若经历所发生的时间长，经验产生时的感受印象不深，则它对生活的影响就小。

因此，比较能否产生、是否容易产生，就取决于这样两个因素：一是看有无相同性事物及相同程度的大小；二是人们对这些相同性事物印象的大小。显然，当有相同性程度大的事物，且其印象又深，则联想与比较就容易发生。如当同时能感观到相同性事物，甚至有相同性事物可选择，则不比较都难。你会在面对两个可选择的工作却不做比较吗？反之，联想与比较就困难。

生活中总有联想与比较，只是因相同性与印象程度的不同而发生联想与比较的代价不同，决定了比较的可能性和机会不同。生活中我们也不难找到相同性程度大与印象又深、从而对生活影响大的比较事物，如以前与现在的伴侣、工作和收入，或者长期习惯了的环境改变等。由于两者间相同性程度大，人们对其感受印象深而很容易联想与比较，从而对好与坏都很容易产生感受，并因一点变化和差别而受到较大的影响，以至于产生情绪化行为。

有趣的是，生活中人们对得敏感性强的事物时，一旦受到相同性事物刺激，常常会再次产生热情，并反过来受到当时生活的比较影响。

如做相同工作的两位同事，当其中一位发现老板给另一位更多报酬与升职机会，此时若如果两人的关系很好，彼此很在意对方，则另一位就会用自己的失败比较得出另一位成功的意义而为他感到高兴。

相反，若两人关系不好，比如双方处于一种竞争关系，他们在乎的是自己，则另一位就会用他人的成功来比较得出自己的失败，因而就会因强烈的负面刺激而感受到很大的痛苦。

这就是说，当我们受一事物刺激，特定的感受神经就会活跃，于是相关与相同的事物与记忆就容易被感受，产生联想与比较就不可避免。至于谁是比较事物与被比较事物就看人们对谁更感兴趣，其感受结果与对生活的影响也就可能完全不一样。

于是，对待同样的生活与变化，当我们的心态与在意的内容不同时，得出的意义与人的情感反应也就不一样，而这种心态不仅由人的性格与经历决定，也受环境影响。

在市场经济社会，一个人的财富和地位使人们都很在意与相同性太多、印象深而容易形成比较的生活，且由于人们向往美好、追求美好，对更高水平的生活与财富就会比较敏感而形成较多的感受印象，由此使得不利的比较更容易进行。又由于恶劣的人际关系导致人人都太在乎自己的得失，这自然会形成太多的痛苦比较。

我们说炫富与奢侈不道德，原因之一就在于当人与人的关系不好，人们太在乎自己的生活时，人的富有与奢侈太容易刺激其他人产生痛苦的比较和失败感。

因而，市场经济下不是人们对政府的管理要求减少了，也不是政府的责任变小了，而是相反，社会需要政府更高的智慧与管理水平，如怎样让人们和谐相处与减少不平等，如何在发展中提升人们的幸福感与增强人们的生活热情等，这显然是复杂而艰巨的。

当一个人生活在独特的环境里并很少与人往来，或者生活的兴趣与众不同，此时，尽管他的生活缺少交流而不被人理解，但这也许是幸运的，因为他不容易产生财富与地位等相同性太多的不利比较，不会总是纠缠于个人财富与地位的得失而失去广泛的生活享受。

美国巴克内尔大学的两位心理学家在研究为什么我们从人生经历与个性生活中获得的幸福感，比从购物和收入中获得的幸福感要强烈与持久得多后，得出的结论是人生独特的经历与个性生活没有什么可比性所以不会让人陷入不利的攀比中。

生活是一种感受，发现新事物、寻找其意义是生活的基本要求，而比较是这种要求得以实现的有效和必然的手段。因而我们说，人的内心有种联想与比较的欲望，对自己感兴趣的生活总希望有相同事物的比较来认识。

然而，当这种比较总是纠结于个人得失、事物的完美，则其对生活的负面影响就会很严重。那么，我们该如何克服这种令人痛苦的心理状态呢？那就是建立友好与平等的生活环境，并让自己成熟起来。

由于事物的相同性与印象决定了比较的可能，因而也就不难理解生活环境与方式的变化必然导致联想和比较事物的不同，并由此决定生活的态度变化。

如当我们无车时，虽然与有车比较有很大的失落感，但这种比较因对比较事物的印象不深以及与有车人的相同性生活少而较少发生。

而在人们有车后，对好车的感受机会与印象增加，也因与有车人的相同性生活增强而与更好生活的联想、比较增多，于是有车后人们不是变得更幸福和轻松了，而是更浮躁、压力更大了，不满足感更强了。

为什么当一个人经过努力得到一定地位与财富后变得更计较个人得失、痛苦也因此增加呢？这就是因为他的吃、住、行方面都上了一个台阶而与有钱人的生活相同性增加，对财富与地位的热情增大了，对个人得失也更敏感以形成的不利比较更多了。

因此，财富增长一方面在不断满足人的需要，而另一方面又刺激人们比较，导致其欲望增加、不满足感增强。尤其在贫富差距增大、不平等增加时，人们可能会发现财富增长给自己带来的是压力与痛苦而不是轻松和幸福。

任何事物的意义都受其他相同性事物的比较影响，

反过来说，任何事物也会比较影响其他相同性事物的意义，这就形成了事物意义的"双重"比较。

如今天的收入认识需要经验比较，而今天的收入情况又将成为经验影响今后收入的意义。

生活中有一个守株待兔的故事，就是说一个农夫在一棵树下捡到一只撞死的兔子，农夫很高兴并因此放弃了庄稼的种植而整天在树旁等待撞死的兔子，但最终一无所获。

那么，农夫为什么高兴呢？这显然不仅是因为捡到死兔本身，更在于农夫平时的耕作太辛苦，比较起来捡死兔对他的意义更大。试想，若捡死兔的人很富有，死兔就没有太多的意义了。

然而，问题在于这次经历给了农夫太美好的印象并形成了较高的生活标准，这就对其今后的生活产生了严重不利的比较影响，即相对于捡死兔的不劳而获，种地太辛苦而导致其热情减少甚至不愿再种地了。考虑到种地在生活中更多地出现，故痛苦的比较对生活的影响是主要的，这样捡死兔带给他的就是痛苦而不是幸福。

同样，在我们的生活中，当我们一时获得过多的美好，如奢华与成就，或者他人太多的奖励与友好，朋友与亲人的慷慨等，都会形成一个较高的标准和太高的要求，很容易对今后的生活产生不利的比较影响，由此所产生的痛苦就会很多。这需要我们注意。

于是，小孩一次在家表现较好，大人又是表扬又是给钱，小孩就可能形成较高的希望与标准而让大人难以满足，这样他就很容易感受到失望与无赖而反过来产生负面情绪。

因此，美好的事物并非完全美好，如富裕与成就，因为这让人形成一个较高的标准和要求而产生太多压力，其失败与痛苦就容易出现了。而令人痛苦的事物也并非完全不好，如贫穷与艰辛，这至少让你对今后的生活更容易产生热情和满足，因而这常常是一个好的开始和有潜力的生活表现。

生活要求我们能控制好自己的感情。人们总是会去追求和迷恋美好的事物，但又不能给自己定下一个过高的要求而带来太多压力与失败。痛苦也是这样，它能让未来变得美好，但你又不能因深陷痛苦而伤害到自己，这的确是一个需要人们好好把握的心理过程。

机会

生活中我们总会遇到这种情况：本来对一物品是满意的，而一旦有更多的物品可供选择，一种机会损失感便让我们对该物品的满意程度降低。

根据比较理论，虽然馒头能给人充饥和营养的满足，但若人们有消费更好食物如面包的经验，则其满足感就会受到不利的联想比较影响。

然而，当人们不仅有面包的消费经验，还有面包可选择，则人们在选用馒头充饥时，馒头给人的作用就会受到更大的不利比较影响，其实质就是可选择的比较产生了机会损失。

如若在不受其他食物联想与比较影响的情况下，面包本身给人的作用为50个单位量，它包括充饥、营养与香甜等作用的总和。同样，馒头除与面包相同的充饥、营养作用外，因香甜差一些而假设为40个单位量。

现在若有面包与馒头两种食物，人们选择了作用量小一点的，即 40 个单位的馒头充饥，则人们所获得的享受就不是 40 个单位，而是要减去因选择馒头而失去面包的作用量，即 50－40＝10 个单位量。这样，人们选择馒头所获得的实际作用量为 40－10＝30 个单位量，所减去的 10 个单位量也就是机会损失量，也即人们选择馒头的代价或成本。

为什么选择馒头时的享受量要减去 10 个单位量呢，即面包大于馒头的作用量？这是因为当人们选择馒头而放弃面包时，自然会联想到不能享受面包的损失，而这种联想与损失感是因人们选择了馒头而产生的，故影响到馒头的作用量。

为什么人们的机会损失是面包大于馒头的作用量，即 10 个单位量而不是整个面包的 50 个单位量呢？其原因是机会损失产生于面包大于馒头的部分，即 50－40＝10。而相同的 40 个单位，即面包与馒头相同的营养和充饥是人们不会产生联想的（因这种联想没有意义），因而也就没有损失感。

于是不难理解，若在人们选择馒头时还有更好的食物，如作用为 90 个单位量的糕点可供选择，则人们选择馒头所获得的作用量就为 40－（90－40）＝－10 个单位，即因此时馒头给人总的感受是痛苦而让人放弃消费。

我们应如何理解在有糕点选择的情况下馒头能给人带来实际好处，即充饥与营养，而人们却放弃消费呢？难道不吃馒头就没有这种机会损失，即 90 个单位量的糕点损失吗？显然不是。但人们此时不选择馒头这种机会损失感就会很弱，因机会损失产生于感受刺激时的联想与比较，即选择与消费馒头让人们的这种糕点消费联想和比较更多地产生而强化了人的痛苦，故为了减少这种联想所产生的损失与痛苦感，人们就可能不消费馒头。除非人们特别饥饿、馒头给人的"实际"作用很大，如60个单位，则人们选择馒头所获得的作用量就为60-（90-40）= 10个单位。

记得一次看到新闻报道，说小偷们在一次偷窃成功后由于分赃不平而报了案，结果两个小偷都被逮捕。这的确让人难以理解，而我们如果用比较思想来分析，也就很容易理解了。

假如小偷们偷窃了1000元，其中一人分得800元，而另一人是200元，这时分得200元的小偷认为应当平均分配，即自己应得500元。这就形成了一个机会损失，即分得200元感觉失去了500元的机会，且为500-200 = 300，于是这次偷窃小偷所得为200-300 = -100元，该小偷觉得这是痛苦的事，故以报案、都得不到钱来获得解脱。

或者即使有面包的机会损失人们仍选择馒头，但此时若出现新的不利因素，如有人消费面包，则人们选择馒头的负面比较量增大，即增加了不平等给人的痛苦，人们也是会放弃消费馒头的。

其实，这种机会损失与不平等对人的选择影响在生活中很普遍，也很有意义。如收入差距给人的影响不仅是财富的多少比较，还有不平等所激发出来的负面情绪对人的伤害，这时收入较少者产生抗拒行为也就容易理解了。

这也是人们生活中应该注意的一个问题，当我们的收入增长时，若有的人增长得更多，则我们的满意程度会受到一定的负面影响，且他人增加得太多而没有让人信服的理由，人们还会产生更坏的不平等情绪影响，让这种负面的比较严重起来，以至于产生不信任和对抗心理，这样问题就变得严重了。

机会损失也可看作相同性比较的一种特殊情况，因为这种损失感仍产生于比较，但选择比较与相同性比较又有所不同。

首先，相同性比较发生在任何相同事物间的联想，且由于事物间相同的普遍性，故产生比较的范围更广、机会更多。而机会损失比较只发生在可选择事物之间，且产生于选择事物与所放弃最大作用事物的比较。因为人人都有选择最佳事物的偏好和要求，放弃这种机会人们会很在意的。要去联想而形成一种比较损失感，而对所放弃的较小作用的事物就是理所当然的，人们也不会去联想与比较了，因而选择比较是相对确定而简单的。

如我在饥饿时，不仅有面包与糕点可消费，还有比面包更差的食物馒头可供消费，这时我选择面包消费，只有更好的糕点会让人在意而产生机会损失比较，而对馒头就可能熟视无睹了，最多产生影响较小的相同性比较。

由于食物消费种类与经验太多，人们在消费一食物时联想什么、比较什么与比较的程度如何，就是一个复杂而随机性强的事情，且因人而异，只是与消费食物的相同性程度越大、印象越深而越容易联想和比较。

这时的环境刺激也就很重要，如在你吃面包时旁边有人说糕点的味道如何好而面包如何不好，就会刺激你形成痛苦的比较。相反，此时你身边有人表现出羡慕，情况就不一样了，这相当于刺激了更差食物的联想比较而让人有更多的满足。

其次，比较产生于相同性事物之间，而机会损失产生于选择。于是，不管是否具有相同性，只要有选择就可能会产生机会比较。

因此，机会选择比较既可产生于相同性事物如面包与馒头间，也可产生于完全不同的生活，如吃与玩、休闲与工作等。只要有选择，且选择了不是最需要与最理想的事物，就会产生比较与机会损失感受。

生活中，时时有选择、处处有选择。其原因如下：一是人的时间与生命有限，于是为了生活得更有效率、更有意义，就总要进行选择；二是一种物质与资源常常有多种使用机会，这就要求我们做出好的选择。

其实，机会损失还包括进一步的比较意义，即当一更有意义的事物被人们放弃，就会产生相应的机会损失。但是作为曾经的可选择事物，人们在选择时因有了更多感受与印象而增加了该事物在生活中的联想比较机会。由于该联想比较产生于当初的选择，因而当初的机会损失是否应包括随后可能产生的比较影响呢?

对于该问题我们应该这样来认识:若随后所产生的比较影响是在选择时能预期到的,则机会损失就应包含随后的比较影响,否则就不包括。

于是,像工作与伴侣等在生活中敏感而容易接触到相同的事或人,如果人们当时放弃了较理想的选择,则因其随后还要被时常联想比较而对自己的生活不利,且这些不利比较也是人们很容易预期到的。所以放弃这些理想选择所产生的机会损失就应包括其随后的不利比较影响,从而使得人们在选择时的机会损失增大,以至于人们会更加小心地做出选择。

如恋爱时放弃了自己理想的人选,不仅有当时的选择比较所产生的机会损失,还有在今后生活中时常感受所产生的比较影响,而这种预期是很容易的,故这会使得你在选择放弃时更加小心。或者人们为减少随后的不利比较而有意回避所放弃的事物,即在今后的生活中对这些较理想的工作与伴侣尽可能回避。如不在原单位上班了,离他(她)远一点,或者控制好自己不去联想它,从而减少痛苦的比较,不过这种回避与有意识地控制仍是一种代价。

但当放弃是暂时或者是有计划的,其机会所产生的痛苦就不会很大,这不仅是因为在今后生活中产生联想比较的机会不多,更因为人们有心理准备而不会太在意形成的联想与比较。所以,当亲人短暂分离、生活暂时改变时人们不会感到太痛苦,而一旦认识到是长期的分离或突然失去，则情况就不一样了。

如果一事物在放弃后很难得到甚至是永远不能再得到，虽然这可能造成很大的机会损失感，但如果人们对放弃事物的印象和欲望能很快减少，即发生感受转移，其比较所产生的机会损失也不会太大，这也是人们试图转移感受来减少痛苦的原因。

如小孩想买一个玩具而未能如愿，这时尽管小孩有很大的机会损失与痛苦感，且他可能永远也得不到该玩具，但并不能说该玩具会给小孩造成非常大的伤害，因小孩很快会因其环境与兴趣变化而忘记它，因而其机会损失的痛苦仅仅发生在当时所以总体不会很大。

当然，感受强烈、持续时间长与容易受到刺激而产生联想的机会损失对人来说是很不幸的。如突然失去亲人与某种好的生活，人们因为很留恋而长时间在生活中感觉到他（它）的存在，由此生活就会产生持续与严重的机会比较痛苦。

这就很容易理解为什么贪官、富人在出事与投资失败后，即使其今后的生活水平不会太差也会自杀，这不仅是因为反差太大形成的机会损失感受强，更因为他们很在意这样的财富与地位而难以承受预期中的负面比较所产生的痛苦。遗憾的是，这种预期的痛苦因当时的情绪化反应而太强烈了，实际却可能小得多，因随时间会产生相应的感受转移。

然而，更有意义的是，事物意义的多样性与人的情感多变使得机会损失比较复杂化。

首先，事物的多功能决定了事物间还存在局部的机会比较损失。假设有 A、B 两事物，其中 A 事物的作用量大于 B 事物，但局部功能常常存在有 B 大于 A 的情形，如果人们选择 A 事物后仍去感受 B 事物这些局部作用量大的功能，就会存在相应的局部机会损失比较。

于是，即使我们做出了好的选择，某种功能还会形成局部的机会损失比较影响。如我对自己的工作总体来说感到满意，选择是正确的，但相对于原来的工作时间又管得太死而不太自由。如果我太留恋原来的自由工作并总是去比较，自然就会形成相应的机会损失感而对现在的工作满意程度降低。

由此看来，由于事物意义的多样性，局部机会损失比较是很容易出现的，所以产生的机会损失感还是很普遍的，因为人们时常会去感受、在意美好的事物。但是只要我们知道这种机会损失的普遍性与对生活的不利，就应该理性一些而不要太在意这些局部的得失，从而也就能减少相应的痛苦损失感。

其次，由于许多时候对于可选择的事物我们并不是很了解，或者对于某些意义还没有发现，更由于环境与情绪变化导致人的态度变化，因而在事物的意义具有很大的不确定性时做出选择就容易产生意想不到的机会损失感。

于是，尽管人们当时所认定的选择是正确的，在当时看来没有机会损失，但随着时间的变化，甚至在刚选择后就可能感觉到不理想而形成机会损失感。

如我们认为选择了最好的工作，但随后发现这并不理想，可能是个人情感变化的原因，也可能是因为对当初所放弃的工作的评价在随后的接触与重新认识中发生了变化。像发现有很多升职与涨薪机会，与某人能在工作中很好相处，也很愉快，或者我们认为新的工作有更多升职与涨薪机会，但选择后却发现不是这样等，由此产生机会损失感。

当然，也有相反的情况，即人们放弃了较差的选择，随后发现所放弃的比想象的还差，于是对自己的选择更感到满意。

很多时候，事物间是一种相同性比较影响还是选择比较影响，或者比较产生的是满足，还是痛苦更多取决于人们感受了什么、感受了多少，而这又取于个人的观点、心态与当时的情绪，且这些常常是不确定的、随机的，从而决定了比较的复杂性。

显然，当人们做事太盲目、太情绪化，对美好的事物太在意，对个人的得失太敏感，就会变得浮躁而增加生活的混乱、选择的烦恼，并由此增加不利的比较影响与机会损失感。

如当我们对生活的要求太高、追求完美，总觉得这样不对、那样不合理，总认为他人与社会可以做得更好、自己可以生活得更好并以脱离现实的理想为标准，就会感到太多的机会损失与失败的痛苦。这时多交流与理性、平静的生活就很重要，它能有效减少人们的这种机会损失感与痛苦。

　　或者人们为减少这种太多的机会损失痛苦而麻木自己。但又产生了这样一个问题，即一方面人们因经济性要求而不得不对各种选择进行感受与比较，而另一方面为减少不利的比较与心理的不安又需要减少这种选择感受，这就形成了一个两难的情形。

　　于是，对于许多意义不大或者意义不是很明确的选择，人们就凭感觉来生活并有意识地满足于现状，这不仅是因为思考与选择是一种代价，更由于可能会产生太多的负面感受与机会损失感。

　　一般情况下，随着社会的发展与个人的成长，可供人们选择的生活内容与事物逐步增加，同时人的情感也变得丰富，故在生活中的比较与选择机会影响将日益严重而普遍，不满足感随之增加，这时我们正确地理解生活、懂得生活的理论就很重要，它能让我们很好适应现实、消除许多不必要的痛苦。

　　由此，人们选择一种简单而平淡的生活也就容易被理解，同时回避一些敏感与让人不安的话题，如收入、地位、抱怨与仇恨等就有必要。这时人们感觉可选择的生活少了、时间相对多了，同样生活给人的意义与满足感却较大了，这样生活不是变得单调与无聊，而是变得更充实了。其原因除了人们有时间来充分享受该事物外，还有便是人们心态稳定、杂念较少，从而人们可以比较安心地专注于自己的生活而感到生活的轻松与幸福。

比较系数

当我们以馒头充饥时若有消费面包的经验，则馒头给人的作用会受到不利的比较影响，若此时还有面包可选择，则馒头就会受到严重的机会比较影响，而这两者的区别仅仅在于面包给人的感受印象不同所造成的比较程度，即系数的不同。

假设我们一天的工作收入是 10 元，而朋友一天的工作收入是 15 元，于是我们的工作受到了不利的相同性比较影响。但是，当我们特别在意朋友更高的收入，即总是去联想与比较，就可能受到更严重的、与选择时所形成的机会损失一样的不利比较影响。这给人们一个疑问，即相同性比较与选择比较的差别是否仅仅是比较事物印象大小的不同所产生影响程度的不同？

由于事物的意义不仅由其本身的性质决定的，还取决于相关事物的联想，而这种联想的难易不仅取决于事物本身给人的印象大小，也取决于事物间的相关性程度。

　　这种相关性既包括相同性事物，也包括可选择性事物，即选择比较与相同性比较从本质上讲都是一种通过相关性联想来对事物意义产生影响的。自然联想的难易与所形成印象的不同决定了这种影响的不同而已。

　　其中，选择的比较事物与被比较事物因作为同样的选择对象而相关性程度很大，即由于两者存在近似的选择机会而被同等的感受，以至于事物之间在当时不存在严格的比较与被比较的区别，这自然导致比较事物给人的感受印象太深而联想太容易，从而比较事物对被比较事物的影响大。而相同性比较就不一样了，其比较事物的感受需要与印象显然就差很多，原因在于人们过多关注这种不可选择的相同性事物没有太多意义（至少没有可选择事物的意义大，因为其仅仅作为一种经验参考），从而相同性事物对被比较事物的影响较小。

　　更具体地讲，若 A、B 之间具有可比较的关系，且 A 是被比较事物，其本身的作用量（不受联想比较影响）为 a；B 是比较事物，其本身的作用量为 b，这样事物 A 的实际作用量 P 就可表达为：$P = a + (a-b) i$。其中，i 为比较系数，它表示人们对比较事物的印象大小，且 i 越大，说明人们对比较事物 B 的印象越深，从而比较就越容易进行，对被比较事物 A 的影响也越大；反之亦然。

　　这样通过比较系数 i 乘以比较事物 B 与被比较事物 A 的作用差，也即比较量（a-b），就可得到比较事物 B 对被比较事物 A 的影响量，故 i 又是反映比较事物印象大小的系数。

于是，当自己的收入增加 100 元时，虽然有人增加 200 元，但自己不知道，即印象为零，则比较系数 i 为零而不会给自己带来任何影响。而当自己知道，但仅仅听说而已，或者收入更多者离自己的生活很远，故给人的印象不深而影响不大，这时自己收入的 100 元就会受到他人收入 200 元的较小影响，其影响量为 100-（200-100）i，因比较系数 i 较小，如 0.1，则 100-（200-100）×0.1 = 90 个单位，即自己的收入 100 元因受到比较影响而只相当于 90 元的意义总量了。

但是，若他人收入增加 200 元所给人的印象深，如 200 元收入者为同事，则比较系数 i 就会较大，如 0.8，于是自己收入的 100 元受比较影响就较大，其实际作用为 100-（200-100）×0.8 = 20 个单位，即自己收入 100 元的意义总量就不大了，仅为 20 个单位。

而对于选择比较来说，由于选择前不知道该选择谁，故比较与被比较事物被人们同样感受，人们对比较事物与被比较事物的印象一样深，从而比较系数 i 被看作最大值时的 1，这相当于比较与被比较事物可互换而没有感受印象的大小差别了。

这就是说，选择比较仅仅是因为人们对比较事物的感受印象深而已，因而尽管是相同性比较，只要人们对比较事物的感受印象足够深，还是会产生与选择一样的比较影响。其原因在于，比较事物给人的印象太深，就会与可选择一样让人的大脑太容易受到刺激而产生较大反应。或者说，相同性比较与选择比较的区别仅仅是比较事物给人的印象和比较系数的不同而已，是量而不是质的区别。

　　造成这种非选择比较而又产生近似于选择比较影响的情形有两种：一是人们在主观上太敏感、太在意而强化了比较。如上例中，当同事的收入增加 200 元而自己只增加 100 元，考虑到自己也做同样的工作，或者平时自己表现好，领导也重视自己，却因偶然或不明原因没有获得 200 元的收入增长，或者所有人都获得了 200 元收入而自己没有，则自己受到的刺激就很强烈，反应就会很大，从而造成他人 200 元收入对自己的刺激和影响很大，好像自己完全应该获得、可选择的 200 元收入一样。这时就存在 200 元收入与 100 元收入被同等地感受、印象一样深刻，这样比较系数也就很大，即等于或近似地等于 1，这也就形成了实际上的选择比较与机会损失了。因而自己的 100 元收入受比较影响后实际作用为 100－（200－100）×1＝0，即这次收入增加没有一点意义和幸福感，就等于收入没增长一样。二是对于比较事物人们太容易感受而难以回避。如当我们在选择馒头时面包也放在一起而能同时感受到，这样即使面包是不可选择的，人们选择馒头也会因面包给人的刺激太多、印象太深而产生很强烈的比较损失。或者当你身边的人个个都很富有，而你仅仅是衣食无忧，同时有人时时在你面前炫耀而有意刺激你，就可能加深比较事物的印象而造成近似机会损失的痛苦。

　　相反，即使是可选择事物，因比较事物抽象、人们不太在意，其印象也可能较小而造成比较系数小、对人的影响不大。

如你在饥饿时面前放着馒头，有人只是平淡地告诉你还有面包而没引起你太在意，这时虽然面包是可选择事物，但因抽象而感受印象差，于是 i 就小于 1，即人们选择馒头的机会损失感少，选择馒头的机会与可能因此增加。而在你面前同时放面包与馒头，你选择馒头就会受到较大作用的面包印象影响，从而选择馒头的机会和可能减少。

人们在生活中可能常常出现错误与被误导，即本来一些生活是可选择的，但因抽象及不让其感受而印象不深，或者被他人有意识地淡化，甚至不让你知道，这样人们即使放弃也不会有印象和机会损失感。

如有两个工作让你选择，但你只是体验与更多地感受了其中一个，而对另一个陌生，或者别人只是轻描淡写地讲了一下，其目的就是让你更可能选择前者。

或者即使是可选择事物，若人们果断放弃、不去多想，则很快因人们的印象不深以致比较系数远小于 1 而形成与相同性比较一样的较小影响，甚至连比较影响都可能没有了。

这就是说，一事物给人的比较影响大小，可能更多地取决于该事物对人的刺激程度与印象而不是真实的相关性情况。

某些事物的感受印象也取决于其意义的可实现程度，如可选择性大小。因而比较事物的可实现程度也就决定了其受比较影响的大小与性质，且当一种事物可实现程度高，人们对其感受程度就大、对其印象也就越深，而越容易形成给人较大的机会比较影响；反之，就是较小的比较影响。

然而，对于一些事物是否可选择仅仅是一种可能性大小，且这种大小又常常被人们忽视，因而使得相同性比较与选择比较难以区别，这也更容易体现人的态度在比较中的重要性。

人们常常对明知赌博会输却仍会去赌博的行为不理解，其原因之一是人们在决定是否参与赌博时不仅会考虑赌博输赢的概率，还受输赢分别给人的印象大小。于是，即使你知道赌博输的概率大，但你对赢的印象更深、热情更大，还是会选择去赌。二是对赢的印象太深会主观上提升自己赢的概率。英国剑桥大学的一个研究小组对15名志愿者在玩模拟老虎机时，大脑进行核磁共振扫描实验，发现当人沉迷在赌博中就会形成"差一点就赢了"的刺激，并可以让赌徒感受到与赢钱同样的兴奋，好像不赌就失去发财的机会一样而形成了严重的机会损失比较。这可以解释为什么一些人尽管屡赌屡输，却仍深陷其中而不肯放弃。

彩票也是一样，尽管赢的概率很小，但人们对赢太敏感、印象太深，好像是一种很好的获利机会，从而并不在乎小小的投入。

于是，当一美好事物给人的感官刺激强烈、印象深，人们就可能形成错觉，即感觉到是可实现的一样，或者寻找各种理由认为应该是自己的，或者是自己可做到的等，从而产生主观意识上的非真实的机会比较损失而让人陷入相应的痛苦中。

如当同事与朋友等自己很熟悉的人收入提高，我们就会形成很深的印象并产生错误认识：似乎该收入自己也很容易获得，自己也应该如此等，从而产生机会损失感。而对自己的不足就难以形成感受与印象了，这是很令人遗憾的。

或者当生活中到处都是奢侈品宣传、富人炫富，大家又崇尚物质消费时，这不仅给人深刻的财富印象，也让人感觉好像各种财富都存在很大的实现机会，从而让人们盲目地自信与追求，由此难免产生太大的机会损失感与失败感。

因此，我们也可把比较系数 i 的大小看作反映比较事物可实现的概率大小的量，而这种感觉不仅由客观的可能性决定，也取决于人的主观态度与事物给人刺激和印象的大小。且一种事物感觉可实现的机会与概率越大，其比较事物给人的刺激和印象就越深，它所产生的比较影响与比较系数 i 越大，由此形成不利的比较痛苦感也越强；反之就不一样了。

代价

　　生活中我们总会面临许多选择，其中只有一种对于人们来说是最理想与最需要的，我们称之为第一选择，于是非第一的其他选择就会形成痛苦的比较而构成生活的代价。

　　放弃（第一选择）是令人痛苦的，但学会放弃（第一选择）是有意义的，是人们成熟与智慧的表现。

　　人们在生活中时常会产生痛苦，原因之一是生活的不幸，如生病、灾难与失败等；二是心理上产生的负面比较。

　　生活总是有效率要求的，于是在可预期的时间内人们总希望选择到符合自己需要的、能使自己获得最大满足的事物，但在更短时间与局部的生活里，人们就因必须约束自己的行为而产生损失感与痛苦。

　　如为了有更好的将来，自己就会多学习和更努力地工作，虽然从长期看这是自己的最好选择，但短期就会因放弃一些爱好及享受而感到痛苦。

当人们不能选择自己最需要的东西、做自己最喜欢的事情时，就会产生机会损失的痛苦感，我们把这种痛苦称为生活中的代价。

生活的代价有时又是社会性的，即政府为实现其长期目标，暂时会让民众做出某些牺牲而构成机会损失的代价。

于是，生活中出现的意想不到的或者不可避免的痛苦我们不能称之为代价，如生病、灾祸与失败等，因为这不是选择的结果。只有人们主观放弃了美好的事物、有意识地约束自己的行为而造成痛苦时才构成代价。

假如人们有三种衣物可选择，其特点分别是漂亮、普通与破旧，其带给人的作用量分别为 20 个、10 个、−10 个单位。其中，作用为负表示破烂衣服本身所带给人的是不适，人们宁可不穿。这时人们选择令人厌恶的破烂衣服穿固然构成了痛苦与代价，而选择能给人带来 10 个单位量的普通衣服穿。尽管此时衣服本身给人带来的是享受，但人们也会因失去作用量为 20 个单位的漂亮衣服而构成了代价，且其代价量为 20−10＝10 个单位量，与其享受量相当，这时人们仍没有幸福感。

当然，人们不会无缘无故地选择差的衣服来穿，这样做是有原因的。如把最好的衣服暂时保存起来，等以后有更大意义时再穿，或拿去交换更有意义的物品以实现更大的享受等。这就是说，代价是具有储蓄与投资意义的行为，是人们合理安排生活的体现。

由于构成代价的机会损失产生于比较，因而我们不难理解代价的产生与大小取决于比较事物，即代价不是看你做了什么，而是看你放弃了什么。

如今天上班，假设天气好又有人预约出游，这样当天有很好的生活选择就会使上班的代价增加。相反，若今天下雨，家里又停电，则可选择的生活方式很有限，上班的代价就会明显减少，以至于上班不是痛苦与代价，而是人们愿意选择的享受了。

因此，工作的代价不是看你有多累、多苦，而是看你平时有多轻松、多休闲。

因而，对落后国家与贫穷者而言，令人满意和给人享受的生活，对于发达国家与富裕的人来说，由于有更好、更多的生活可选择就可能变成了令人痛苦的生活。

如一辆二手车对于穷人与落后国家的人来说是一种理想和享受，而对于富人与富国的人来说却是不愿选择的痛苦代价。

或者原本给人享受的生活，由于生活水平的提高与选择机会的增加，就可能成为令人痛苦的选择与代价行为了。

如在家带小孩，在落后的农业社会被视为轻闲与享受，而在发达的工业社会里，就会因不能更多地参与社会生活而变成令人痛苦的代价行为。

于是，从某种意义上来说，生活的发展、人的自由与可选择生活的增多，是造成生活的代价与痛苦增加的原因。

对于生活的代价我们可以做这样的理论总结：人的身体、心理与行为有一系列可选择的状态，其中只有一个对于人们来说是最理想与最需要的，我们称之为第一选择。人的第一需要与选择，可能是由人的习惯与偏好形成，也可能是当时的环境影响与情绪化反应的结果。显然第一选择是人们理所当然的选择，而非第一选择就会形成痛苦的机会损失，即生活的代价。

由于随心所欲地生活才能选择到自己最喜欢的行为以及自己最需要的事物，因而代价也可解释为对生活约束的结果。不管这种约束是产生于人们自己的主观意志还是被动的环境要求，且当生活中的约束越大、越多，就会让我们更加远离第一选择而产生更大的机会损失，即较大的代价量。

经济学家张五常在对他的一次看画展排队的经济分析中，将看画作为收益与享受，而把排队等候看作成本，即代价。

为什么排队等候是代价呢？人们的回答之一是因为排队要用时间，可是享受也需要时间，如吃饭、看电视，为什么排队用的时间就构成了代价而其他就不是呢？

认为排队是代价的另一个原因是排队是过程而不是目的。目的与手段都是相对的，像学习与工作是为了提高自己的能力和收入，因而前者是手段，后者是目的。但是，当你对学习、工作产生了兴趣与爱好，手段与过程也就变成了目的。因而，过程构成代价只是可能，而不是必然，以此定义代价并不科学。

　　这时，就需要我们对生活有深入的理解并做抽象的理论分析，即对排队行为做选择比较分析：排队时人们可选择的生活还有很多，如在家看电视、与朋友聊天等，这些都比排队更能满足人的需要，因而此时人们选择排队就是一种约束与对其他更适合自己需要事物的放弃，由此产生令人厌倦与痛苦的机会损失所构成的代价。

　　当然我们并不排除极少数人，在极少数情况下因生活太无聊，会把排队看作需要与享受，即作为当时生活的最佳选择或第一选择，但这也是偶然与短暂的。道理很简单，如果人们能自由自在、随心所欲，那就不是有特定时间、地点与行为要求的排队了。

　　生活中，这种行为约束所产生的代价是普遍存在的，最典型的是在社会工作中往往有许多要求，如在特定的时间内到特定的地点，必须在某种条件、时间内完成特定的任务等。在这种情况下，人们对随心所欲的约束就很大因而构成令人痛苦的劳动代价。

　　既然代价是选择比较的结果，我们也就不难理解为什么人们对事物意义的评估与思考也是一种代价。这是由于思考是抽象地从繁杂的地方与表面的现象中发现隐蔽的本质，从毫不相干与相干很少的事物间寻找联系，因此是一个要求很高、约束性很强的心理行为，这必然构成思考的代价，这与生活中身体行为选择所构成的代价一样。

　　代价是选择的结果，而人们在每一单位时间内都会面对选择，这种单位时间既可为年，也可为天，还可为时、分和秒等。这就是说，只要人们在这样的单位时间内有了选择行为，不管这种行为是一种生活方式还是肢体动作，或者仅仅是一种意识，都存在第一选择与非第一选择以及因非第一选择所形成的机会损失感所构成的代价。且在人们做出选择后，还会面对更短时间内的选择，我们称之为选择中的选择、代价中的代价。如学习与工作是为了收入，但在长期的学习与工作中，还存在着许多第一选择与非第一选择的情形，享受时也是这样。

我们还可把人们在单位时间内所承受的痛苦大小称作"代价强度"。显然这种强度不是体力与脑力消耗的多少，而是人们在单位时间内所产生的机会损失与痛苦的大小，这理应成为人们工作强度与收入大小的依据。

代价不仅存在强度特点，还存在相应的时间特点，即在一定代价强度下的持续时间，或者说放弃某种美好生活的时间长短。且人的工作强度乘以相应时间，就构成了人的代价与代价量。

代价强度是指人们在劳动时单位时间内的痛苦大小，而代价量是指人们在一定时间内，或者在一代价行为中总的痛苦量，是代价强度与时间的乘积。且代价量越大，则说明人们越不愿选择它；而代价量越少，人们选择它的可能性越大。

因此，对于工作，当人们的代价强度越大、持续时间越长，说明人的代价量越大，其收入也就应该增加；而人的代价强度越小、持续时间越短，则说明人的代价量小，其收入就应该减少。为零时就不存在对代价和收入的考虑了。

　　显然，这种代价强度与量是由约束造成的，因而代价中的约束及约束程度就应是收入的主要依据。且当一个人的情感与思想越丰富，独立意识与个人选择欲望就越强烈，受管理所产生的约束与痛苦代价就越大，这也是需要我们注意的。

　　与约束相反的是权力，它给人的生活带来了许多方便和自由，因而其工作的代价强度很小，且当管理者可以强迫他人做自己喜欢的事情来获得超额的自由和强化自己的感受偏好时，管理工作就可能是享受而不是代价付出了。因此人们付出财富也想拥有权力。相反，许多简单而低级的工作，其固定性与灵活性差而代价强度高，其收入应被重视。

　　英国伦敦城市行业协会做了一个幸福职业排行榜，来自各行各业的 1 000 人参加了调查。专家们根据调查结果认定，美容和美发业在最幸福的职业中高居前两位。其原因在于，它是一种约束小而个性与创造性强的工作，人们可以不断地求变求新，并与顾客友好交流，且每当他们看到顾客对工作满意时，就会得到激励和满足，而这种激励与满足也很容易实现；最不幸福的是建筑工人与银行职员，其工作单调而繁重。

　　传统与习惯上人们又把在工厂与田间的物质生产活动所构成的代价叫作劳动。这种生产活动的特点是不仅有严格的程序性行为要求，更有过多的、令人不适的体力与脑力消耗。还有监督与管理，以及污染与噪音等恶劣环境对人体的伤害而让人处于很坏的、极不情愿的生活中。

因而我们习惯上谈到的劳动，仅仅是一种公认的、有较大约束的代价行为，并具有社会性，即这种代价付出是为了满足他人与社会的需要。

然而，仅仅把物质生产叫作代价是不合理的、不科学的，因为这是根据特殊情况与表面现象来理解生活中的代价，而没有从本质与一般的生活规律上分析，这样就不可避免地产生一些无法理解的问题：如何认识脑力劳动与体力劳动的关系；如何理解物质生产中的工作与非物质的服务工作；如何区别人的正常体力和脑力消耗的需要与工作中令人厌倦的特定体力和脑力消耗。

今天，如果不能正确认识生活中的代价，就不可能理解发展所导致的劳动形式多样化演变趋势，更不可能处理好人与人之间的社会关系。

的确，在漫长的历史时期，人们的生活主要集中于物质生产与消费，此时恶劣环境、体力消耗、严格与固定管理、重复强的生产活动构成了代价的主要形式。但随着人的个性与情感在生活的发展中被更多地重视，传统的生产形式又在逐步消失，劳动就显示出了普遍性的选择意义，正确理解生活中的代价也就很重要了。

如今，人的劳动形式与性质已发生很大变化，即变得灵活多样与融入生活。如代价中有享受，享受中有代价，两者很难区分，且生活中也存在各种各样的代价行为需要我们认识。

如人的一个站立、一个手势、一句问候，只要这不是他自愿的，而又是社会需要的，就是一种代价，就是为他人和社会需要所做的工作而需要社会认可。

生活中常常有这样的情况，即当一个人处于情绪化时，表现为人的大脑受到某一事物强烈刺激时，压制这种活跃的大脑神经就会很困难。其实质就是要让人不受该事物影响所产生的代价很大，因为这时他们对第一选择的趋势太强烈，非第一选择对他们有太大的约束，即代价太大。

于是，当我们发现他人热心于某种行为，或者狂热于某种情感，而这种热心与狂热又是错误而需要改变的时候，我们就要认识到这种改变对他们来说是一种代价行为，且代价很大。于是就更需要耐心与好的方法，而不能盲目地否定与强制地要求其改变，这样会很困难。也就是说，他因为其代价与损失没有被很好地认可而产生了抗拒。这就像你要别人无缘无故地拿很多钱给你一样，是很难做到的，除非你有充分的理由让其认识到这个钱值得拿出来的。

生活中，一个人习惯于以自己的生活方式和经验来看待问题、处理问题，其原因就在于以自己的经验来看问题、处理问题是最容易的，也是自己最愿意的。而要理解与接受他人的观点和行为不仅需要重新思考，还要否定自己习惯的、自认为正确的经验习惯，这也是一种第一选择与非第一选择所产生的代价问题。这种习惯越长久，经验越重复，改变的代价就越大，这需要引起我们的注意。由于放弃自己的生活方式及习惯形成的第一选择，意味着会产生很大的约束与代价，因而谁都不愿去承受与面对，于是都想让别人来理解自己并试图去改变别人。这与人们对物质利益的追求一样，于是我们便很容易理解为什么一个人、一个国家不会因经济上的一点好处而放弃个人的自由和社会制度。

在当今的工业化社会里，尽管财富与技术有了很大的发展，但思想与理论的发展仍有很大的不足，表现为我们很难对各种观点与习惯做出有说服力的评判，而富足使我们在迷茫中急于获得精神上的成就与存在感，于是人们更自以为是，传统也就可能变得更传统，新思想只能盲目地脱离现实来发展，由此也就让我们彼此更难相互理解与尊敬，这造成交往与融合的代价增加，矛盾与冲突更容易产生。

如果人们在面对不同与争论时，不能相互理解与尊重，而是任性地固执己见与唯我独尊，并习惯于相互攻击，显然这种情绪化的态度只能让对方的转变变得更困难，即改变的代价更大，真理与科学也就更难获得认同与发展，这无疑是一种悲剧。

经济性要求的必然结果是人们放弃当时的理想生活而做出暂时的牺牲，其目的是得到更大、更多与更长远的生活满足。这种追求与代价付出是社会发展的动力和原因，因而学会理解、改变与放弃是人们智慧与成熟、成长的表现，也是人类生活的艺术与伟大之处。

第四章

生活与追求

生活需要思想，更需要理论，否则就会造成认识的混乱、行为的盲目与选择的痛苦。

生活的实质

生活的实质是什么？我们应如何生活才更有意义？显然，这是非常重要，也是我们非常关心的问题。生活是一种体验，因而尽管我们的生活形式与追求各不相同，其实质都是一样的，即寻找对不同事物及意义的感受。

生活的目的是什么，传统的理解是某种需要的满足。于是，像传宗接代、丰衣足食与安居乐业就是农业社会的生活目的一样，工业社会则是以获得更多的财富与地位为目的。而现在，我们普遍地感觉到了一个抽象而本质的东西，那就是为了获得幸福这种感受。

什么是幸福？人们如何才能获得更多的幸福并保障生产与社会的发展能有效地增进每个人、每代人的幸福？这就需要从生活的本质与基本规律去寻找答案。

生命体都有一种对环境做出反应的本能。这是由于在原始、恶劣的生存环境中，变化意味着危机与机遇，把握机遇、回避危险是生命体能够存在的基本要求。

英国研究人员在用脑部扫描仪测量血流时发现，当人们受到不同物体的刺激时，一个被称为腹侧纹状体的脑部区域会变得活跃，并通过释放令人兴奋的多巴胺等神经递质参与脑部的奖赏，这与人们获得财富与地位时的感觉和生理变化一样。科学家认为，存在这一古老的奖赏、激励机制是生命体在适应环境变化中进化、人类形成与发展的原因。

一切物质都有为适应环境而变化的要求，而生命体对这种适应性变化更积极，其原因在于其具有促进这种适应性变化的神经激励机制。

人类是生命体在应对环境变化的激励中进化而成的：从原始的生命体对环境变化做出反应以求生存，到进化为动物积极应对变化来获得满足，再到人类为获得满足与幸福而寻找和创造变化，以及由此形成人类体验各种事物及意义的情感与思想，这就是人类产生与生活的实质。

生活在于激励，而这种激励有两种：一是事物本身具有的乐趣与挑战性，这是内在与根本性的；二是外在的鼓励与奖励，这是社会性补充。

从宏观看，一个国家或地区的自然资源越丰富、种类越多，人们可开发、利用资源的机会就越多，人类在生活中也就能获得更多的成绩，即发展中得到有效的激励，并由此促进社会的较快发展；反之，当一个国家或地区的物质资源越贫瘠，人们可利用的物质资源越少，其发展的激励与潜力就越小。

历史事实就是这样，最早的古文明无一不是建立在一个具有肥沃土地资源与可获得良好发展的农业生活环境之上的，而工业社会发展则主要取决于优越的交通与丰富的矿产；相反，在地球边缘地区，如沙漠、极地与热带密林，由于这些地方不具有适宜生产与持续发展所需的肥沃土地、资源和交通条件，社会得不到有效激励，故其进步极困难。

同样，在社会生活中，当生活资源，如财富与地位更多地用于激励人的工作与成绩、人类的探索与发展，且社会表现出平等与自由、公开与公正、道德与友爱，则发展就能有效进行；而当生活资源消耗于腐败与奢侈，并表现出权力与个人主义文化，则不利于社会的发展进步，这也是我们强调发展制度与文化建设的意义。

因此，对于一些重要而具有特殊意义的学习与工作，也需要外在的激励。当然，若一个人能从学习与工作中体会到本身的乐趣和意义，这种激励就更为有效，或者事物本身给人激励与人为的外在激励同时进行，这种激励就更强大。

我们常说人有好奇与娱乐的本能，而所谓好奇，就是人们为感受不同所产生的探索与创新；所谓娱乐，无非人们以制造变化为乐趣，并由此产生了游戏与聊天、艺术与科学等生活形式，其实质就是人们追求变化、以体验不同为生活意义的表现，并因此获得生活的激励。

人与社会的存在、发展都深刻地体现出对激励机制

的需求，没有变化与创新的激励，人类面对的就是无聊、痛苦与消亡，而激励人们应对变化、探索创新不仅是大自然的规律，也是人类的基本精神。显然，只有我们明白了这种规律与精神，才能很好地理解生活的意义，也才能更好地享受生活、发展生活。

生活的实质简单地讲就是寻找更多事物的感受而已。如安全的需要，是人们为了延长生命以获得更多的新事物感受；人们对地位与财富的追求，是为了得到更多不同体验的保障与机会；生活需要交流，就是从交流的动作、语言中感受变化、传递不同；而交换就更明确了，那就是互通有无；我们组成家庭与参与社会，可理解为获得持续生活体验的平台与基础；而知识与技术在于提高自己的创新能力和手段；我们所说的追求，也就可理解为对特定意义与较高水平的生活体验。

生活表现为人的需要不断产生与满足的过程。人的需要可归结为两种：一是周期性生理活动所形成的生存需要，其特点是稳定性与重复性。如饥饿会产生对食物的需要，而在一段时间的消化后又会再次产生饥饿感，如此重复；人脑需要周期性地工作、娱乐与休息，是一种不断重复与循环的过程。

二是人的情感表现出对变化的感受需要。这首先是对不同物质的感官刺激，如对各种环境与物质的体验等。其次是理解，理解是对感官感受的进一步认识，如对经历的总结、对事物抽象意义的感悟等，是在相对不变的情况下人们用更多的时间去发现意义的过程。

当然，重复是为了生存或者是为了减少痛苦，而其目的就是感受生活，即体验变化与不同，否则重复性生活就没有意义，这也是人们对重复与平淡没有兴趣的原因，尽管人们很需要它。

对于人类重复性生活我们也可理解为正常的生活代价，如人们不会因为能说话而感到幸福，但会因为不能说话，失去表达与交流的机会而痛苦，这就要求我们每个人要学会说话，且重复性生活也是为了避免疾病、饥饿与死亡等不适所带来的生理痛苦。

从本质上讲，机械性与重复性的生活是人类的本能行为，就像不断吸收水分与营养来生长是一切植物最简单、生命得以存在的基本形式一样，也是人类没有感觉、不需要感觉与不愿感觉的行为，而对不同事物的感官与理解才是生活的目的和意义所在。

反过来想，假设习以为常的生活也能给人满足，那么我们每个人都足够幸福的了，生活的目的与激励也就不存在了，因我们现在的生活内容已经很丰富了，这显然是不符合现实的，也是不可思议的。

补充说明：有一种观点认为人也会对特定的事物上瘾，即表现出重复性兴趣，如某种食物与行为给人重复性诱惑。我们认为这是一种表面现象，因为看似相同的事物与行为其实仍有变化的内容，这就像某种固定形式的游戏一样，总给人一种不确定性与变化的感觉。

或者人们会在生活中产生适应性反应而表现出对单一事物的依赖，但这种依赖仅仅是为了减少不适与痛苦而已，如抽烟、喝酒，而不能否认生活是追求不同感受的实质等。

一事物可感受的意义是有限的，不断地感受会使人对一事物习以为常，人的情感会逐步变得麻木而失去感觉。尽管有些事物对人的刺激会很大，带给人的兴奋时间很长，如一个穷人突然获得太多的财富与地位等，但最终会趋于平静与平淡。

于是，人们要想获得更多、持续的事物及意义感受，就必须不断有新事物的产生，有持续的变化供人们感官和理解。显然，若生活的环境相对稳定，人的感受能力又不能提高，新事物的产生就会日益困难，生活就难免会变得无聊。但这并不排除一些人能以简单的娱乐度过一生。

人们对生活的感受是通过感官与理解来进行的。其中感官是人类对物质刺激的一种本能反应，是人们很容易产生的生活形式，但能给人带来感官变化的物质却很有限。而理解是人们对感官做进一步抽象认识的过程，也常常是付出代价的行为，但内容丰富而潜力巨大。

如我们到一地方吃饭，饭的味道与品种很容易被我们感觉到，也是人们非常愿意感受的，但这些内容也很有限。而对当地饮食文化的认识就要复杂得多，也丰富得多，并因需要人们花费很多时间与很大的精力而感到生活的充实。

当一个人可选择的生活内容有限，且把情感停留在直接的物质感官上，是会很快感到空虚与无聊的，因为人对物质的感官能力和消费速度远大于其供给的能力及增长速度，以感观来获得满足肯定是不稳定的，且不利于人的情感和思想发展。

如玩具多固然可让小孩获得很好的感官享受，但若小孩很容易获得各种玩具而又缺少引导与交流，则小孩就可能停留在毫无目的和意义的各种感官享受中，对玩具的新鲜感会很快消失，最终有限的玩具只会令他失望与无聊。

相反，小孩能在大人的引导下有目的地玩玩具，能从中提出问题，能从与同伴的分享、交流中获得更多的乐趣和启发，甚至能在玩耍中产生更广泛的追求，如系统性的知识，结交朋友，则小孩在同样的玩具中获得的享受与意义就会很丰富，对其成长也就很有利。

同样，在人类生活中，尽管物质生活日益丰富，但当我们仅仅注重其设计性能与数量，很快就会感到单调和枯燥，并因财富的无情竞争而对情感造成伤害。而当我们能从物质生活中找到生产文化、消费的艺术与人文精神，如共享、互助、发展，则从中获得的乐趣与意义就丰富多了，生活的效率与人的情感思想也由此得到提升。

理解不仅仅是寻找与发现，它还强调创新。如理发时相互交流、探索与赋予各种发型的意义，就会很有趣。又如在农业社会追求诗情画意，在于其农业社会的物质发展相对有限，于是人们强调"境由心生"，自娱自乐。

总体来说，人人都能从现有的世界中找到适合自己需要的生活，因为新事物无时不在、无处不有，它比人们所想象的要丰富得多，只要人们有正常的情感思想与积极的生活态度，就能获得相应的体验满足。

生活的变化是绝对的，不变是相对的，因而我们要获得生活的感受与乐趣是很容易的。比如吃饭，尽管我们天天在重复这种表面上相同的生活，但内容与情感思想在不断变化而会导致新的感受产生，如吃的味道、样式与环境的不同体会，或者仅仅因一时的心情与兴致而感觉不同，或者因知识进步与思想变化而产生新的理解等。

我们可把人们获得感受的途径分为两种：一是从公认与有限的资源，如财富与地位中获得；二是从习以为常的个性生活中、从丰富的自然环境与社会交往中获得。其特点是：前者具有强烈的可比性，且总量有限，会在人们享受中递减；后者则相反，可比性小，且总量丰富，并在人们的互动与共享中增加，至少不会减少。

从财富与地位中获得享受似乎是艰辛的，因为这种生活资源有限、竞争激烈、压力大。而在日常生活中获得享受就容易且丰富得多。因而，一个人不管环境与地位如何，可体验的生活内容都是很丰富的，只要我们留意身边的生活，注意交流与交往，都会乐趣无穷。

生活就是这样，当你能从日常生活中获得乐趣，你就相当于获得了比财富更有价值的东西，生活因此幸福而充实。

根据生活水平与形式是无法评估他人的幸福大小的，

更不会存在一个公认、可用来衡量他人幸福大小程度的技术标准，因为人们不能对各自抽象的感受生活进行比较。

一个富翁，可能要一百万元才能使其感兴趣，即一百万元才能构成他有意义的生活。而对于一个穷人来说，一百元钱就成了他的追求。于是，富翁从一百万元中获得的享受与穷人从这一百元中找到的生活意义相当，而穷人获得一百元钱可能比富翁获得一百万元容易，也就是说穷人获得幸福的能力与机会并不小于富翁。

因此，对生活处于贫穷状态的人来说，虽然其生活水平低下、可供选择的生活内容很少，但每一较小的变化，哪怕是在我们看来极微小与平淡的，如吃上一顿美食、上一次集市、碰到一个熟人等，都能给他们带来较大满足，从而其较低水平的生活并不意味着幸福感低。

由于生命有限，人们首先是从可感官与给人强烈刺激的物质生活开始，这样获得享受最容易，也最经济。然后人们开始寻找、理解一些日常、间接而隐蔽的生活意义。由于这种寻找与发现对人的行为有严格要求，故构成厌倦与代价，且代价逐步增加，故生活的经济性是逐步递减的，直到时间安排完为止。

不过，相对于丰富的物质文化生活，人的生活时间是很有限的，故人们在任何情况下都容易找到有意义的生活而感到幸福与快乐。

在生活中，我们不难发现，一个人不管他是农民还是工人、小孩还是大人，也不管他是穷人还是富人、官员还是平民，他们都在为自己的生活与工作忙碌着，为不同生活追求的成功与失败而感到幸福或者痛苦。这就是说，每个人的生活过程与形式不一样，但结果与实质一样，且其幸福与痛苦的机会是均等的。

或者说尽管有的人更幸运，能更大范围地改变生活与环境，能实现有目共睹的地位与财富，但最终都可能会过一种稳定与平淡的生活，特别是在竞争及反复博弈后，人人都可找到一种适合自己特有的"简单而重复"的生活。

于是，不管一个人的社会地位与财富水平如何，也不管其做什么工作，只要他们长期重复与习惯于自己的日常生活，他们的幸福感就与其地位、收入等无太大的关系，而更多地取决于他的情感、心态与人际关系。

这也就是一只无形的手将人的生活推向平淡与平等中，因而平淡与简单的生活是人们最终必然面对的现实，不承认这个现实、不能平静地面对这个现实，就是自寻烦恼。

或者人类轰轰烈烈的工业化生活也是一种暂时的精彩而最终会趋于平静与平淡，这不仅是因为物质生产与技术发展带来了太多的疑问，更因为我们已开始感觉到自然、和谐与稳定的意义。这时生活的幸福就更多地取决于人的情感和思想，人类的激励也就从主要的感官物质生活变为更多抽象的人文与科学精神，因而"平静"与"平淡"就是人类需要适应和长期面对的生活，这时，谁有良好的心态与思想，谁就能从平淡中感受到生活的意义而获得幸福，而谁能建立良好的人文环境，谁才是成功的社会人。

美与追求

追求的意义不仅在于享受结果，还在于体验过程，并在过程中丰富人的情感与思想，从而让生活更有激情，幸福更容易获得。

我们把能给人满足的事物看作美的事物，显然是美激励着人类生存与发展，而生活中最美的是经过自己的努力让身边的人物美好起来。

如果我们把能给人满足的事物称作美的事物，则生活就是发现美、创造美与享受美。那么，美的内容与本质是什么？我们应如何增加与更多地享受生活中的美？

首先，美是生存需要的反映。这是人类基本而原始的情感，因而有利于生存的事物就是美。于是，生存的资源如食物是美，这是人类生活的基本保证。

其次，美是享受的反映，并表现为以稀奇为美。生活不仅是为了生存，更是为了体验，且这种对体验的追求是人类生活与发展的原因。于是，技术、创新与探索是美，它不仅让生活变得轻松，也满足了人类对世界的好奇心；艺术与游戏是美，在于它能展现生活中的美和不同，或者给人启示和愉悦。相反，空洞、平淡与重复就会令人感到无聊和厌倦。

再次，美是一种联系，表现为与美有联系的事物因能给人带来美的联想而成为美。于是，工具、勤劳与勇敢，这是人们获得生存的基础；绿色的植物、肥沃的土地与和谐环境是美，因为这是人类生存所需要的；象征着复苏与生命力的花朵和幼小的生命也是美，它让人们产生美好的联系与联想；某人有恩于自己、为他人做出了贡献而被人们喜爱，其言行也就成了美的内容与美的标准。

最后，传统与习惯是美。因为这是人们认为有意义的、正确的，自然也就是美的事物，并构成文化与习惯的美。当然，传统与习惯是在改变的，即随着人的认识水平的提高和环境的改变，美的标准也会改变。

如农业社会人们以胖为美，因为胖意味着生命力与生育力强，并能胜任繁重的体力劳动与抵抗饥饿；而现在人们以苗条为美，在于人们对生活效率的要求，对多余的反感。

美产生于理解，更产生于态度。于是爱是美，因为当我们的大脑被热情激活时才会让生活变得有意义，使无聊与枯燥的内容变得有趣，并让令人厌倦与厌恶的事物开始美好起来———似乎它们都具有美的特点而值得我们去欣赏。善良、友好与道德是美，因为这能激发人们对生活的爱与热情，刺激人的美好感情而让生活与世界变得美好。

生活是从爱开始的。当我们的祖先在恶劣的生存环境中逃避了灾难、饥饿与死亡威胁之后，感悟到了生命的意义与大自然的美，由此产生了热爱万物、改造生活与探索未知的热情。

生活中，我们总能找到自己所爱与认为美的事物，并为此去追求，尽管由此产生艰辛和痛苦，但生活的美与享受是主要的，并在追求享受与美的过程中发展。

美应当从身边开始，只有身边的人物美，我们才容易感受美。而只有经过自身努力让身边的人物美好起来，我们才能更好地体会到生活的美好意义。

生活就是为了感受美，而美的内容与形式多种多样，它远比人们所想象的丰富。且随着生活的发展与人情感思想的丰富，美更多地取决于我们的态度与联想，取决于我们能否用心去欣赏、认真去追求，更取决于我们能否与大自然、他人建立良好的关系。

生活中，我们在意什么、追求什么、想什么，其实质都是为了获得美的更多感受，是人们发现美、追求美与享受美这一普遍性生活规律的表现。

我们可把生活分为两种形式：享受与追求。享受的含义是人们能以自己的需要来选择生活而表现为轻松与舒适的情形；追求则是付出代价的过程，因而是人们处于压力与痛苦的情形，尽管其目的仍是为了获得享受。

当人们预期到能从一事物中找到并获得美的感受，就会产生欲望与追求，并愿为此付出代价。对于追求的意义我们可总结为三个方面：

一是追求可增加事物的感受和印象。这是最直接的和最明显的。如一花朵，我们不仅要看到它，还要多看、常常看、更直接地看，从而获得更多美的感受印象。

由于事物对人的影响不仅取决于它的意义，还取决于其给人的印象大小，因而对于美好的事物，人们总想更多地去感受以增加其印象来获得更大的满足。

试想一下美的物品给人带来享受的三种情况：一是人们占有该物品；二是作为公共物品来参观；三是抽象地想象与交谈该物品。显然，人们在三种情况下都能获得对该物品的享受，只是感受程度不同而给人享受大小的不同。

当人们占有该物品，因能随时、随意地亲近与感受，故其感受程度与机会最大，其获得的印象与享受也就最大，这也是人们追求得到的原因；而参观的感受程度与机会就小些，其获得的印象与享受也小；对于在交谈与想象中感受，由于感受困难与抽象，故其给人的感受程度最小，其获得的印象与享受也最小。

二是在追求中获得更多意义、享受更多的美好。当人们发现美的事物，如水果与花朵，自然会产生更多的感受需要，这种感受不仅增加了事物的印象，也能让人们发现其更多意义。如发现水果能解渴，且味道很好，营养也很多；花不仅美观，还能让人的心情变好、缓解病痛等，从而让人们从中获得更多意义的享受。

当然，人们对一事物的感受印象增加与更多意义发现是相互促进的。当人们对一事物持续关注，其印象增加的同时也会有所发现和感悟，如整天想到水果、看到水果并研究水果，自然会在感受印象增加的同时对其形状、生长特点与味道等方面有新的认识，或者说人们对一事物的印象的增加，有利于人们对该事物的关注并发现更多的意义，尽管有时可能是幻觉。

同样，人们对一事物意义的更多发现必然也会增加该事物的印象，这是由于所发现的意义与原有事物是相联系的，于是人们感受其意义，与其相关的联想就会产生从而导致人们对该事物印象增加。例如花朵，在人们发现其香味、生长特点与环境要求时，这种感受不仅直接增加了花朵给人们的印象，也自然会造成人们对该花的联想机会增加。且这种联想可发生在广泛的生活中，即当人们在今后的生活中一旦发现相同的香味、生长特点与环境要求的植物，就会联想到该花，从而使得对该花的感受机会与印象增加。

因而一事物的意义与联系越多，在生活中被联想的机会就越多，其感受印象也就越深，而感受越深就更容易被联想。因此我们也就不难理解，为增加对一事物的感受印象，人们就会人为地制造一些意义与联系，如纪念品、故事与明星代言，或者宗教象征等。

同时，追求是人们对美的刺激反应，因而追求中人们更容易感受到生活的美。因为当人的美感神经被激活后，对美的感受能力与需要增加，事物的美就容易被发现而容易变美，或者变得更美。如一个人被道德感情激活，对他人的包容、理解也就容易产生，他人的优点很容易被发现，甚至不是优点也会被认为是；相反，其缺点就容易被忽视。

于是，广告让某商品与人们所喜欢的美好事物，如名人与明星，甚至仅仅是美好的语言联系起来，不仅使人们消费该商品时会联想到美好事物而产生美的享受，同时也因为美好事物激活了人的美感神经，故该商品意义就会更容易表现出美的特性，并因此成为美的内容，或者变得更美而更容易被人们所接受。

因而有许多事物之所以受到人们喜爱，不是因为其本身，而是因为其与美的联系而成了美的内容。这也是追求的一种意义，即在美的联系与欲望中人们更容易发现美、产生美与享受美。

因此，我们不能让美在生活中一闪而过，而是要在美或者仅仅一点点美的刺激下积极地去寻找、发现与追求更多的美，以此享受和充实人生。

三是追求可丰富人的情感与思想。追求是激情与爱的体现，并在追求中增进激情与爱。

美是情感的反映，也是情感发展的原因。研究发现，当人的大脑不断受到美的刺激，对生活表现出更多的热情时，人的大脑神经与脑容量就会得到很好的发展；相反，痛苦、忧虑与压力过大，持续时间过长，就会导致脑容量减少，进而诱发情感与认知障碍。

同时，美好的事物之所以美好，不仅在于其内容及本身，更在于有相反的经验标准。这就要求人们在生活中有痛苦的体验与艰辛的追求过程，因为没有这种艰辛与痛苦的过程，要什么有什么，想怎么过就怎么过，情感与思想就会变得麻木和简单，生活也会变得平淡与无聊，生活的意义也就消失了。

欲望产生追求，追求中的艰辛不仅可降低生活的要求和标准，也让人们更真实地感受人生从而激发人的情感和思想，这使得生活变得更有意义、追求的事物变得更美好。相反，注重形式与享受结果会慢慢让人变得麻木而失去生活的热情和美好。

欲望产生美，即让生活有欲望、对某种事物有种未满足感，由此可使生活充满热情而使人容易感受到美。

研究显示，当人们对某种生活或事物有 10% 的少量未满足感时，人的享受不但不会受到多大影响，反而可使生活的激情保持在 90% 的程度，我们称之为 "10% 的效应"，即让人在获得较好满足的同时还有持续的热情。

于是，美不应该让人们轻易得到，丰富的物质也不能让人们盲目地消费，而是需要人们有追求的过程与有种未满足感来更多地激活生活的热情，丰富与发展人的情感和思想。

生活中的美就是这样，当你认真对待、仔细体会，它带给你的满足与意义常常超出想象甚至可以改变你的人生。而生活中要让人产生美感与激情，就得有一个好的开端和美的刺激。于是，老师在课上讲一个笑话或有趣的故事，人们在介绍一个人或一事物时强调其特别之处，厂家在推销产品时让人们品尝、送上小礼品，生活中遇到困难时要让其看到希望，或者我们总想给人留下好的第一印象等，这都是一个好的刺激、重要的开始，而不应是一开始就让人产生厌倦与无聊，让人们生活在毫无希望的沉闷与无赖中。

小孩的学习成长更是这样，我们要让其有一个美好的、能激发其热情的学习环境，并对其行为有更多的热爱与容忍，而不是让其感受到学习的无聊与对生活的厌倦。且当其对看似与学习不相关的事物产生兴趣时，我们都应该认识到这可能是一个好的、积极的现象，并注意鼓励与诱导其产生更多有意义的追求，由此促进其成长，而不应盲目地拒绝和冷漠对待。

人类应该有科学的追求精神，这样人的能力才能被有效地激活与发展。虽然财富、艺术与游戏也能带来发展，但相对连续性更强、效率更高的科学探索，还是有太大的不足。更重要的是，人类只有在科学发展的基础上才能更好地适应环境以保持生活的稳定，实现人类存在的永恒。

当然，对于追求我们也应理性对待而不能教条化、神圣化。如生活中，我们常常被告诫要有远大理想而不要碌碌无为，要为某种追求做出牺牲，或者认为有远大追求的生活才充实、有意义等，这就可能有些片面了。

首先，过多与过高的追求能否实现不得而知。实际上，我们的生活虽然平淡但充实而有乐趣，这时我们太注重未来就可能会得不偿失。特别是在追求中将现实的生活变成具有不确定性与风险性时，这显然是有问题的。

社会发展给人类带来了丰富的生活，因而立足现实、享受现实就很重要。实际上，多数人在多数情况下只需把自己身边的事情做好，能很好融入社会、享受现实也就可以了，不应自大或过高地估计自己而奢谈追求。

因而，追求应该是具有相应的潜力。这时特定的追求与长远的生活目标才有必要，尽管我们鼓励他人去应对挑战，但这不应是盲目的行为。

其次，财富与地位最容易成为人们的追求对象，其意义也很多：它不仅给人带来直接的感官享受、让生活变得轻松，还让追求者获得有利的社会地位。但追求的缺点也很明显。由于财富与地位是公认的、容易感受的美好事物，因此，人们容易情绪化追求与盲目竞争而导致生活陷入误区和困境。似乎财富与地位就是生活的全部，人的情感与生活因此变得狭隘、麻木而失去太多。而在失去道德与亲情的情况下，得到表面和形式上的成功又有什么意义？

更重要的是，当大家都把生活与成功看成财富和地位时，就会产生无休止的恶劣竞争，且任何人想要不断地改变生活，其能力与条件都是有限的，压力与困难的增加最终都可能让大家处于痛苦的失败中。

在这个繁华的工业社会，人们常常太在乎形式化的财富与地位，以此有限资源为目的必然给自己带来压力与痛苦，故这样的追求不仅没有增加生活的享受和效率，反而使其减少了，这显然是我们要避免的、也是人类误入歧途的追求：人们在追求美好中失去美好，在生活意义的探索中失去了生活的意义。

因此，追求应当是具有个性和广泛社会意义的，它是能让人们在感受自然、揭示真理与崇尚道德中获得激情和激励的追求，而不是在让人陷入无止境的攀比与持续的压力和紧张最终让人品尝痛苦中追求。

再者，许多生活不必自己亲身经历。生活是一种感受，我们在很多情况下可以参与、分享他人的生活，有选择地感受他人的生活，何况许多生活是自己无法经历的。如当他人感受到生活的意义与幸福时你就可以去分享，别人获得的意义与幸福不但不会减少，还会因你的参与而增加，这与有形的财富消费相反，原因就在于情绪相互感染可增加大家的快乐。

当自己获得成功或有好的东西总想在他人面前表现和展示，就是为了在分享中更多地感受其美好，且他人也愿意去分享，尽管获得的感受与幸福不大，但其代价更小。

我们为什么喜爱明星、崇拜成功者？这是因为明星与成功者身上有我们太过相似的追求和梦想。于是，在我们自己的理想无法实现与实现代价太大的时候，就只能通过分享他人的成功与过程来获得满足。

因此，对于崇拜名人与明星的行为，我们不能粗暴与简单地认为这是无聊，而应把它看作分享生活与激发热情的过程，特别是对那些生活麻木的人来说尤其如此。

当然，人们也不能因始终沉浸、陶醉于名人与明星的风采中而失去自我。

生活中最有效率与最美好的追求是让身边的人幸福，能与身边的人共享美、追求美。当一个人能与他人友好相处、相互帮助时，其获得生活的意义与激励是很大的，而自己的付出可能并不大，因为这是一种互补与共享。且更重要的是，还可能因感受这种难得的经历而体会到自身的价值和成就感，或者给自己一种可把握美的感觉而产生超越感，这不就是最美与最有意义的生活和追求吗？于是，人们可能不再满足于简单的捐款与语言上的支持，而是行动起来，亲身参与，从互动中感受人生最美好的意义。

除此之外，崇拜和幻想也是获得美和享受的方式。其特点是主观臆想美、强调内心感受，但缺少真实感，不利于自我发展，这与一个社会迷失在自己的传统中、强调自我感觉而丧失有效的发展一样。生活应当是开放的，社会应做到公开与公正。只有这样，才能更有效促进人们的积极态度与更广泛的追求。

痛苦

痛苦常常不是产生于生理上的而是心理上的。生活的富足让人们太容易得到满足，也容易让人们产生过多的要求。如总认为自己可以做得更好、总觉得自己没有选择到更好的，或者总感觉别人生活得更好、过去的更好，其失望与痛苦也就容易产生了。

痛苦首先表现为生理的不适，如疾病与饥饿，或者环境对人体的伤害等；其次是心理的不适，如预期到不幸的事情发生及对自己有害的事物出现等。

人生理与心理上的痛苦又是相互影响的。研究发现，人们受到他人有意与无意伤害时产生的痛苦是不一样的，且前者更大，因为这时人的心理也受到伤害并由此加重了痛苦的神经反应。

死亡的痛苦对于人类来说不仅产生于生理上，更重要的是产生于心理预期上，即死亡意味着失去一切美好生活，且这种预期越强烈，感觉到失去的越多，其痛苦自然也就越大。

而许多低级动物并没有这种心理预期，因而它们对死亡的痛苦反应仅仅是生理上，且由于生理上的神经系统也不发达，故生理痛苦也不大。可以想象，没有预期意识的动物在无疼痛的死亡中是没有痛苦可言的。

对于生理上的痛苦我们容易理解，而对于心理上的痛苦就难理解了，这也是一个有意义的话题。但是，当我们从生活的本质去理解问题也就简单了，即由于生活的目的是享受，于是作为有思想与预期能力的人来说，当意识到享受的减少与痛苦的增加，不安、压力与悲伤等不适的生理反应就会发生，且这与人的生理不适所形成的痛苦一样。

我们为失去财富、地位与亲人而痛苦，是因为财富、地位与亲人能给我们带来舒适、欢乐与帮助；我们为失败与困惑而痛苦，因为失败意味着享受的失去，而困惑意味着困境与不确定性风险的出现而让人产生损失感；我们为不平等与不自由而痛苦，因为许多享受与机会需要自由和平等的环境。

生命体都有生存的要求，对环境的反应是这种生存要求的表现，且当产生了这种有效反应，自己就会感到舒适、愉快；相反，这种反应迟钝、错误，或者决定这种反应的生理组织出现混乱，不适与疼痛就会产生，这也是生存出现危机的休现。

作为有思想的人类，自然对生活有更多的理解，对

207

生活中有利与不利的因素也更加敏感，并激励人们做出更复杂的反应。

如地位与财富的获得不仅让人得到直接的表面享受，也因自身的生存环境改善而让人满足，且我们常把后者称为精神享受。相反，心理的痛苦就是处于不利生活环境的表现。

总的趋势是随着生活的发展与医学技术的进步，痛苦更多产生于人们对生活的不理解与心理上的不适，这样人的痛苦也从简单的生理现象变成了日益复杂的心理现象。我们可能难以想象，缺乏思想与意识的痛苦今后也能存在。

如在饥饿的社会里，人们不可能想象得到自己因无聊而痛苦。而在人的情感与思想日益丰富的今天，如果人们找不到自己所喜欢的事情做，或者发现没有自己的一席一地，即使是暂时的状态也会感到痛苦。

普遍的情形是，日益丰富的物质文化生活给人们带来了太多的机会与欲望，压力、失败和失望所产生的痛苦也就多了起来。如人们总认为自己可以做得更好、没有选择到更好的，或者总认为别人生活得更好、过去的更好，对生活中的得失太敏感，对与他人之间的差距太在意，并要求过高、太完美而很容易产生挫败感等。这相对于传统生活中较单一与固定的生活要复杂得多，也更难有满足感。

生活是人的思想与情感反应，而这种情感与思想具有很大的不确定性、复杂性，由此决定了幸福与痛苦的多变性。

家长或领导常有一种幼稚的情感和思想，即常常自我满足于为子女或员工做过什么、实现了什么，并因此认为他们很幸福且对自己感恩戴德，而实际情况要复杂得多，或者完全相反。这主要表现为你为他们做得再多、再好他们也可能不在乎，因为他们已经习惯了这样的生活，而此时人们可能变得更计较了，并因有更高的要求而变得更难获得满足了。这可以解释富裕的生活与地位是导致人们更不满足现状的原因。这时，给人们创造一种平等自由的环境也许更重要，这样他们就会把时间与精力都用在个人的努力上而失去埋怨的机会和理由。

这的确是一个非常不幸而令人困惑的现象，即尽管我们的生活环境与条件越来越好，但幸福感却没有相应增加。其原因就在于我们的生活要求也在增加，不满足感也更容易产生，相反，传统和保守的生活却没有这种情况。

尤其在激烈的市场经济竞争中，人们总要经受太多的压力与失败，同时欺骗、不公、腐败与特权让人的心情变坏，由此导致生活热情降低，焦虑与恐惧增加，美好的生活越来越少。如亲情与友谊被淡忘，人与人之间的正常交往减少，友好和行善变成了作秀且让人反感等。

人类的许多痛苦最初是通过理解而产生的，随后因经验与习惯性的反应而成为一种本能和个性，从而人们对这些生活的反应也就变得很敏感。

如指责与赞美，最初是因意识到与其个人的利益有关才产生相应的情感反应，随后形成一种遇到赞美就感到幸福、遇到指责就感到痛苦的习惯反应，并逐步演变成对表扬、荣誉、尊严、友好与平等的需要和追求，对批评、不公、侮辱与排斥的恐惧。

在痛苦的产生中，比较是一个重要而普遍的心理特点。这是由于幸福与痛苦、美好与非美好往往很难以事物本身的性质来决定，而常常是以经验与标准比较来决定，这也造成了人们随时可能产生的不满足感。如尽管你的收入在增加与生活水平在提高，但若别人增加得更多、生活得比你更好，这样你感到的不是幸福，而是痛苦。

有人通过对幸福的研究得出结论：幸福不在于生活中有什么，而在于你比别人强、比以前好；我们不会因为穷而痛苦，只要别人比我们更穷。

于是，当生活的贫富差距大、生活不平等，而你却很不幸，总是处于不利地位时，尽管丰衣足食，也有幸生活在发达的工业社会，但你的痛苦仍会大于传统的农业社会、以丰衣足食为生活目的的人。

在这种比较的心理活动中，虽然当我们与更差的人比较可让人感到宽慰，但由于人们有感受美好、向往美好的本能，故不利的比较会更多。这是因为感受美好本身就是一种享受，还因为感受美好更有意义，如发现可追求与选择的，特别是在人们变得烦躁不安、太注重大众化的、表面与物质的生活时，人们很容易与更多的收入和财富、更高的地位和好的情形比较而产生不满足感。

比如，拥有一辆小车的人在周围的人中算是处境很好的，但若有人买了更好的车，这时自己便会与更好的车比，因为内心希望自己的车更好、有进一步追求更好车的欲望，而不是相反，感觉到的是自己的车和生活不够理想。

更糟糕的是，人们在这种向往美好的趋势下还会理想化和情绪化地看待一些事物，如想象有更高的收入与更刺激的生活，或者把不能得到的想象得太好、总认为他人的生活更好等，这就主观形成了较高的生活标准而给生活带来不必要的压力和痛苦。

人们曾做过小孩子吃巧克力的实验：一是给小孩一粒巧克力，二是给许多种巧克力而由其选择一粒，结果发现刚开始时后者获得的刺激与兴奋大于前者，但随后后者的情绪很快低落。因为他们总因为想到其他没有选择到的、更好的巧克力而满意程度降低，自然后者获得的最终满足不如前者，尽管他们当初的选择是正确的。

生活中，有种追求完美并斤斤计较的人，其实质是他们总以最好的、理想的生活作为标准来要求自己，这无疑会给自己的生活造成太大的压力与痛苦。相反，满足现状、顺其自然反而轻松与美好得多。

同时，美好的东西似乎总容易给人以刺激而给人留下深刻印象，人们也习惯于展现其美好和成功的一面来获得自信与地位，而失败与痛苦却是人们要回避的，这样也就更容易因把太美好的生活作为标准而让自己陷入痛苦和压力中。

如富人的豪华生活、奢侈消费对普通人来说总是容易令人向往与容易感受，相反，其工作的艰辛与失败的压力、对机遇的把握与特定的环境等人们却不太在意，也难以在意。这也是我们认为奢侈生活与奢侈品的出现会对太多普通人和普通生活造成打击，其负面意义明显多于正面意义的原因。

虽然一夜致富、不合理地获得收入的人是少数，但在这个追求个人成就、信息发达与情绪化的社会，他们不可避免地成为生活与成功的标准而给社会带来太大的负面意义，他们的成功与幸福会很容易地刺激人们的负面情感而给太多的人带来伤害，尤其在这些人失去道德约束与公平制约时。

不平等所产生的痛苦包括三个方面：

一是刺激人们产生、强化失败感。生活中的失意是难免的，也是常见的，但若发现他人通过不正当关系轻易获得成功，其失败与痛苦感就会明显增强。

二是增加了生活的嫉妒与不信任。嫉妒产生于他人生活得更好而自己因不能理解、认可而感到不安与敌视。不平等很容易让嫉妒变成一种习惯，即一旦发现别人比自己好就产生痛苦并仇视他人，这显然对生活很有害。

三是激发人们痛苦的联想，即在不平等的刺激中，本来让许多人在许多情况下感到满足和习惯的生活也变成一种痛苦。如对工作一天的收入本来是满意的，但发现有人不劳而获且得到的更多，自然就会对这种工作和收入产生不满。

不平等对生活与社会之害远大于人们的想象。试想，本来对收入增加10%感到满意，可发现别人凭借不正当关系生活得更好，或者无故增加了20%甚至更多，尤其在损害大家利益的情况下，这样的生活与收入增长还能让人高兴得起来吗？

当一个社会从传统与贫穷走向工业和繁荣，人们对财富的热情会达到一个疯狂水平，此时由于人的思想与社会的不成熟，必然导致个人需求的膨胀与人们之间利益的冲突。这时，尽管人们的财富在增长，但在不平等与强烈的个人欲望面前是难有幸福感的。更严重的是，人们会仅仅因社会对财富的羡慕、对权力的崇拜而更加疯狂地掠夺财富和攫取权力，并炫耀财富和滥用权力，此时多数人受的伤害也会更严重。

相反，当我们变得成熟后，才能理性、平静地追求个性和精神方面的生活，整个社会对财富与权力的热情才会减少，这时分享、友好与平等也才容易出现，这样人们因利益与权力争斗而产生的痛苦与混乱也才会因此减少。

这就像小孩玩玩具，当其他小孩表现出成熟与克制，拥有玩具的小孩才更容易与人分享玩具，快乐与友好也才更容易出现。

不平等是痛苦的一个重要根源，而不平等又是因为人们的思想与生活的不成熟而产生的，也会因我们的思想与生活的成熟而消除，那么我们为什么不让自己成熟起来反而要让自己持续地陷入痛苦中呢？

幸福产生于人的需要得到满足，并因比他人强而增加；相反，痛苦也就是因为人的欲望得不到满足，并因不利的比较而增加。

但是，当得到被作为经验标准给人带来太多的不利比较与诱发更多不能实现的欲望时，这样的得到就是有缺陷的、是错误的。

如一款小车，今天在朋友那里试坐了一下感觉很好，但由此产生难以实现的购买欲望与痛苦的联想，这样对小车的美好体验就是痛苦的开始。因而，这种幸福就是陷阱，是需要人们回避的。

或者学生经过努力偶然考试获得第一名，于是自己和家长就以此为标准要求以后每次都要获得第一名，其压力与痛苦也是很大的。这种偶然得来的第一名就是一个错误与陷阱。

相反，失败与艰辛虽然让人痛苦，却因降低了生活标准、减少了不合理的要求，并丰富了人的情感思想而有利于今后的生活。于是，这种不幸与艰辛的体验就是有意义的，是人生所需要的。

因而，对一些过惯了优越生活、享受了太多成功的人来说，一次令人痛苦的失败与不幸经历是有利的，或者对被宠惯了的孩子来说，一次磨难教育是有利的，因为这些失败、艰辛与磨难会降低人们的要求，让原来平凡的生活变得有意义，并因自己的成熟而使更大与更多的失败得以避免。

这也就形成了一个矛盾：一方面美好的生活人们要

去追求，这是人的本能与生活的意义；另一方面又可能刺激人们形成难以满足的欲望和较高的生活标准。难道我们会因此放弃前者吗？显然不会，因为生活总是幸福更多，这同人们不会因痛苦对今后的生活有利就去持续选择痛苦一样，尽管生活中也需要磨难经历，但这毕竟只是人生的一种短暂体验。

问题在于，如何让人们选择尽管当时令人痛苦与艰辛，但从长远看却有利于幸福的生活，并放弃那些看似美好实际却带给人痛苦的生活。

这是一个复杂的问题。从道理上讲，如果我们知道一事物给自己带来的享受小于痛苦就不会去感受，像朋友的伴侣与工作很理想就不要去接近，因为这太容易给你带来对现实的不满。

然而，我们能放弃感官的刺激与眼前体验的诱惑，克服好奇与享受的冲动吗？或者这种放弃是值得的吗？人们能预期到生活的各种有利与不利情形吗？如对财富与地位的追求带给人的总是更多的压力与不满足感，但又有多少人愿意放弃呢？同样，工业社会带来的产值文化，其副作用越来越明显，我们能够或者有必要克服对这种美丽财富的情感冲动吗？

也许我们需要一种好的心态，要用正确的娱乐精神来生活。像明星，我们仅仅以一种艺术的态度来欣赏，以一种娱乐精神来对待，就不会由此刺激过多的欲望，痛苦的联想比较也就不会发生。这就像生活中一旦出现美好的东西大家就趋之若鹜、相互渲染与分享，至于其有多大意义、分享者是什么人、自己是谁等都不重要了，这样你就容易感受到幸福而不是痛苦了。

相反，你若总是在意自己的得失并要比别人强，就容易产生难以满足的欲望与痛苦的联想，本来是幸福的事情就变成了不幸。

在成熟而幸福的社会，人们一般不会谈及突出自己的收入与地位，也不喜欢排名与确定等级等这些敏感、容易产生痛苦联想的行为，从而人们能在平和中友好相处。

生活是一种感受，这种感受太容易受人的态度、观点与情绪影响，因而控制与调整好自己感受就很重要，也比人们想象的容易，因为这是我们自己可以做主的，是可以通过思想水平的提高与情感的调节来实现的。

幸福是一种更多由态度所决定的感受，因为它更多地取决于人们如何去感受、如何调节感受并以什么为内容和标准等这些比较主观的因素。

当人们不是去用心品尝自己的生活而是更多地去感受失去的或不现实的，或者去感受他人的成功和羡慕他人的生活，则人们就会更多地感受到生活的痛苦而不是幸福。而此时他人却从你的羡慕中获得满足，从你的痛苦中感到幸福，这不是很可悲吗？为什么我们要把幸福进一步让给别人而把痛苦留给自己呢？

当一个人因失意和失败而感到痛苦时，我们会开导说不能得到的事物如何不好，或者强调自我满足而不是去羡慕他人，其实质就是让人们从自己的生活中发现意义，从现实中找到乐趣，同时减少令人痛苦的失望与不利的联想。

或者我们还可以有意识地去感受比自己还差的生活、联想更坏的情形，这样我们的心情就会不一样了。尽管这种抽象寻找、有选择的感受与比较也是一个有代价的行为，但为了生活的幸福，这种心理控制与代价付出还是值得的。

这也是人们常说的心理调节的问题，即有意识地去对自己的生活进行感受和美好联想。不过，当事物的意义越复杂、越模糊就越有利于我们在心理上的调节，而当事物的意义太明确、太标准，这种心理调节与意识控制就很难。

如贫富与收入的差距、生活中的等级与地位的明确规定，或者把人的缺点与错误作为反面教材公开和不留情面指责、嘲笑甚至批斗等，就会让人产生难以回避的失败和痛苦，这也是需要我们注意不文明行为。

对于太敏感与情绪化的人来说痛苦也会增加。因为他们太追求表面与形式上的完美，从而容易对公认的和容易感受的财富及地位产生反应并在群体生活中争强好胜，其失望与痛苦也就更难免。

对于生活的幸福与发展，我们应该有这样一个观点与要求，即让多数人在发展中获得享受的同时还要避免太多的负面意义。形成这种负面意义一是因产生了太多难以满足的欲望，如奢侈品、为少数人服务的平台与特权等；二是因人们太容易产生痛苦的联想和比较，如财富与地位差别所表现出来的意义太明确、太标准而让弱者难有好心情。

显然，若人们对一事物能很好和充分地享受，其失败感与痛苦的联想就不会发生。如对于小车，不管是由于试坐后人的不适反应，还是坐久了而平淡，或者因大家都购买后成了一种平常生活，都不会刺激人们产生难以满足的欲望与痛苦的联想比较。

这就是说，当社会制造出了车，人们都买了并习以为常，这就是一种理想的生活。相反，当出现了车自己又买不起就是一种痛苦，尤其是看到别人买得起或者多数人都在使用时，其给自己带来的失败与痛苦就多，而多数人都有这种感觉就更不是好事，是一种社会弊病了。或者即使有欲望存在，但在生活中的相同性少，其痛苦比较也不容易发生，其失望与痛苦也较会少。

那么，什么样的生活具有这种优秀品质，既让人们容易获得满足而又不太可能引发痛苦的失败感与比较呢？那就是知识性与个性化的并强调过程的生活。如亲近自然、自娱自乐、游戏艺术、对知识的探索与社会公益等，这些既能给人带来有意义的生活体验与享受，又因特殊性、抽象性与注重过程而没有太多可比性，其心理的可调节性强，故是理想的生活。

虽然不平等与腐败历来都存在，但在工业社会不断以新的形式出现来刺激人们产生负面情感的情况却是前所未有的。因此，财富给人带来享受的同时痛苦却很多的情形应该引起我们的注意，即在人类发展与繁荣的过程中人们应该思考如何减少其负面因素，或者如何做到让更多人在发展与繁荣中获得幸福和健康而不是痛苦与伤害。

因而，发展更应该注重生活的品质，强化平等与道德，并注重人的情感与思想进步，否则人们生活的激情将越来越难以产生，幸福感会越来越少，这是很可悲的。

失败

　　人的需要得不到满足固然会使人痛苦，然而更令人痛苦的是在经过追求后仍得不到满足的失败。失败的痛苦不仅在于付出，更在于刺激人们的欲望而强化了不能得到的痛苦，同时还因让人联想到自己的能力差与地位可能降低而对未来的不确定性感到恐惧，从而产生了固执己见、排斥异己、掩盖事实、自我欺骗与迷信等行为来回避失败。

　　生活总有追求，但结果与理想常常有差距。如：想当一名教师却没当上；自认为能在考试中获得第一，结果却远非如此；想去某地方却因路上堵车而不能出行；对财富与地位的追求远没达到自己的要求。或者追求本身就存在不确定性，即一个概率性的失败等，尽管失败的形式多种多样，但其实质都是结果与预期有较大的差距。

实际上，生活中有许多美好的东西是人们感受不到的，或者感受到了却没有产生太多的欲望与追求。这样，人们对这些美好的事物即使不能获得很好的感受也不会有什么痛苦，但当人们总是去想并有太多的欲望，尤其是在追求强化了欲望后，不能得到的痛苦就很大。

如对于财富与地位，我们因不能得到而痛苦，而经过追求后仍不能得到，其痛苦自然会更大，这不仅是因为自己的付出与投入，还因人们在追求中对该财富与地位的印象和欲望的增加导致了失望与痛苦感增强。

于是，当我们在考试与比赛中认为自己的能力有限，就不会太多地去想争第一名，因而，当我们得到的是第二名、第三名时就不会有失败与痛苦感。而当我们认为自己能得到第一名而没得到，尤其在经过自己的努力、大家也非常看好时，痛苦就产生了，其原因就在于第一名给人的印象太深而失去感增加了。

失败的痛苦首先是由追求的投入与欲望产生，并与其成正比，这也是比较容易理解的，因代价本身就是一种痛苦，与失败的痛苦一样。同样欲望越大，失败给人的痛苦刺激也越大，且欲望与投入也是一致的，即欲望越大，投入也可能会越大。

进一步分析发现，欲望的大小是由预期中可实现的程度来决定的，并与其成正比，因为自认为可实现的程度大，就会更强烈地激发人们的欲望与盲目行为，对失败的敏感与痛苦就越强。

然而，让人遗憾的是，可实现程度常常是人们自己的感觉，而这种感觉更多受人们对事物印象大小的影响。如你周围的人都富裕起来了让你容易感受，你对富裕的印象就会很深，并因此认为自己也能富裕，或者自己整天去感受自己的理想而印象深刻，好像随时都能实现一样，这就是一种自认为的可实现程度，它导致自己的冲动与冒险，其失败机会自然增加。

其次，**失败刺激人们产生痛苦的联想，如发现自己的能力差、没有真心的朋友、社会地位低等，或者预期到社会地位降低以及未来的不确定性而恐惧。这对那些自以为是的人来说尤其如此，其失败的刺激让他们重新回到现实痛苦中，并可能产生过于悲观的情绪。**

失败的痛苦是一种心理上的，而比较是这种心理的一个重要特点。它表现为三种情况：

一是不合理的生活安排所产生的机会损失感。如你总认为自己能找到好的工作而放弃了现有的工作，而后来发现放弃的是自己可以找到的理想工作，自然形成一种机会损失感。

二是现实与理想反差比较所产生的失意，即追求中对理想的印象增加而容易产生痛苦的联想比较，且我们常常会因产生"得不到的总是很美好的"想法而增加失意感。

三是与成功者的比较所产生的痛苦刺激，这是一种难以回避和掩盖的痛苦现实。当然，你所追求的还没有成功者，如个性化的生活，这种比较痛苦就不存在了。

　　补充说明：对于失败，我们也可把它看作选择的失误，即相当于人们放弃了理想的选择，只是失败是人们在更短时间来承受机会损失的痛苦，故对人的刺激大，并有产生情绪化反应与变异的可能。

如有 A、B 两事物，其作用量（包含追求所付出的代价）分别为 60 与 50 个单位，此时只能选择其一，人们显然会选择 A 事物并获得作用量为 60 个单位的享受。

但是，若人们错误地把 B 事物的作用量预期为大于 60 个单位，如 70 个单位，而选择 B，获得的实际作用量却为 50 个单位，即实现后并非如此理想，则其失败所产生的痛苦量就为 60-50＝10 个单位量，这就是失败的含义，即选择失误所造成的机会损失。

人们错误地选择 B 事物，与人们有意识地选择 B 事物所产生的机会损失是有区别的：一个是人们有预期的，一个是意想不到的。显然，人们有意识地选择 B 是有心理准备的，而失败是突然发生的，在生活中所造成的混乱与给人刺激就更大，故造成生活的损失与痛苦更大。

更严重的是，如人们错误地把 B 事物作为追求对象，不仅在追求过程中其感受印象增加，还会人为地理想化，因人们对一事物的印象深、感受多必然会发现更多意义，包括主观夸大与虚幻的意义。虽然这种理想化本身也是一种享受，即人们有时仅仅凭美好想象来获得满足，但失败后给人的痛苦刺激也会更大。

这就是说，人们因过于理想化地看待所追求的事物是得不偿失的，这相当于人们过早感受了事物的美好、透支了生活的享受，从而现实的平淡与失败感会让人产生更大的痛苦。

因失败给人的痛苦与伤害太大，自然人们就有回避它的需要与必要。

首先，由于失败是由于对困难与复杂多变的现实估计不足，或者是因为脱离现实，如条件差、能力低而要求过多等。这就要求我们对于不确定性太大的事物或者脱离现实的生活不去奢望，这样失败与痛苦就会减少。同时，我们的思想与理论也要成熟起来，对生活要做必要的理性思考和合理的选择。

其次，降低预期可减少失败感，这与太过理想化地看待追求目标会产生不好结果相反。如我们对一次旅游的预期过于美好，这虽然给人激情，但随后的现实并非如此就会让人产生更大的失败感。

相反，我们有意识地把结果想得差一些，降低标准，不管成功与失败，其情况都会好些。如上例中把 A 看作拥有 50 个单位量，实际作用不变，为 60 个单位，则实现后人们不仅仍获得 60 个单位的意义享受，还会得到有利的比较，即（60-50）i 的比较刺激所产生幸运感与满足，因在短时间内获得而对人的刺激大，也因在追求过程中对其他生活的重视，即对过程的享受而得益。或者即使是失败了，其失败的痛苦刺激也会小一些。

但是，我们把一事物的意义评估得太低，以至于失去热情与追求，这也是错误的。

再次，人们意识到失败的不利结果，也就可能有意识地去回避失败，如寻找各种理由来证明自己的正确；

迷信自己与盲目地否定自己的错误来自我安慰；固执己见、不愿承认现实，或者有意识地掩盖错误、逃避责任等，但这并不是我们所提倡的。

由于生活是一种感受，因而，一些错误如果未被发现就与其不存在一样，何况世界本来就太复杂而很难说清楚。生活的意义与幸福也是相对的，因此，这种回避现实与否定失败的态度也有其合理性，何况乐观与自信有利于人的生活变得积极和健康。因此，对待他人的错误与对错误的回避我们有时还是应该多宽容和理解。

观察发现，在生活中人们同时有两种以上可选择的行为与答案，或者面对疑惑与不确定性时，就会感到压力与恐惧，这与人们面对危险一样，这是一种怕失败而力图回避却又无能为力的表现，于是产生了迷信、求助与崇拜外在力量来获得安慰和回避失败的行为。

但这是人们弱小与无能的表现。试想，当我们有足够的能力与自信，并确信没有完人与神，我们还会去接受权威、神与选择迷信吗？

当然，宗教信仰作为一种生活追求有其合理性，因为它的随意与模糊性很强，人们很容易通过这种心理调节来感受到成功而不是失败，感受到真理而不是困惑，感受到美好而不是丑陋。而现实生活与市场经济就不同了，它让人们很容易感受到的是无法回避的失败与痛苦，这也是人们试图回避现实而选择宗教信仰的原因，即使非常发达的西方社会也如此。

生活中，我们总认为自己的思想与习惯是正确的，

行为是有意义的，尤其是对自己赖以生存的环境中所形成的习惯与文化。并寻找各种理由来坚信这种习惯与文化的正确性，为此产生矛盾与冲突也在所不惜，这都是怕失败、不愿承认失败的表现。

但是，如果固执与否定错误对生活太有害，真实的负面意义最终无法掩盖，恶劣的冲突无法回避，我们还是应该承认错误、适应现实。

比如对于某种习惯、理论与信仰，尽管我们发现了其缺陷和矛盾，但由于探索的困难与改变的代价，我们采取了自圆其说、绝对正确、必须坚持等回避现实的做法，这虽可获得暂时的安宁与满足感，但现实与历史终将做出反面的回答。

同样，对于一个国家与民族来说，人们总是迷信自己的文化与传统，对自己的习惯与经验有一种顽固的坚持。其原因就是回避现实、自我安慰，力图从主观上减少失败感、获得更有利的地位，但这常常会适得其反。

因此，我们的心理调节也必须有度，也就是说生活必须有思考与追求，有基本的是非标准，否则不合理的自我安慰与欺骗就可能失去发展机会和更美好的生活。

生活中，人们常常表现出自己好的、正确与成功的一面，甚至是自认为的，或者假装出自己的成功与自信，总想突出自己、表现自己。其原因与动机就是在试图回避失败、掩盖自己的无能，以此来获得地位与安全感。但这让人们的交往变得困难，并对有意义的、我们非常需要的真实、信任和真诚造成不利的影响。

在这充满个性与随意性的感受经济时代，人们也太容易找到自我感觉，太相信自己的经验与随意得来的知识，不愿承认自己的无能，更不愿承认自己的错误，从而疏远了群体、回绝了他人的帮助，也远离了进步、成功与希望，这是很不值得的。

不同的环境条件形成不同的生活习惯与思想，但发展又需要人们寻找共同的生活，这时人们很容易产生孰是孰非争论，而承认自己的不足与失败往往很困难，这就需要我们有更多的耐心，要让自己的文化有足够的吸引力，并使自己的思想与理论强大起来有足够的说服力。相反，自以为是的攻击、威胁与战争常常把事情搞得更糟，这会让人们更难以发现自己的错误，也更不愿去承认自己的不是和失败。

同时，我们也就不难理解，对于某些掌权者来说，权力的意义在于其错误也能成为正确，即能把本是错误的痛苦变为让大家承认的成绩来获得享受。这对于多数人而言就极不公平了，因为他们要承受更多的失败和痛苦。显然，这样的权力是绝对有害的，是需要我们制止的。

最后，正确认识生活中的一些失败、坦然地接受失败也可减少失败感与痛苦。

生活总是充满了复杂性与不确定性，人们是很难完全把握的。于是，对某些生活来说，成功与否就取决于一些随机性与一些不可预测因素，因而人们只能以成功的可能性大小来选择，此时失败就有其合理性与必然性。

或者我们可把这种"概率性失败"看作生活的必然代价，这样失败感与给人的痛苦也就不会太大。或者我们用这种概率性失败心理来对待所有生活，从而产生失败的预期和心理准备，在失败时的痛苦就不会很强烈。

其实，任何追求都存在不确定性，当我们参与了就是一种好的选择，这样失败感也会减少。或者把追求看作一种对自我能力的检验，则我们不但不会因失败而太过痛苦，还会因尝试后不能得到而感到宽慰。因为这至少让我们避免了自认为能得到而没得到所产生的机会损失感，同时失败也能让人成熟起来而提高今后生活的效率，这样的失败就是很有意义的，我们也就没有必要为失败而感受到痛苦了。

另外，对于某些失败，如游戏与友好比赛、竞争等，其过程本身就是享受，故这种失败所产生的痛苦就更小。

生活中，当我们面临失败而想改变时，别人的帮助也很重要，这种帮助可表现为有形的物质帮助，也可表现为思想上的帮助，那就是答疑解惑与正确引导。因此，获得问题的答案与获得财物帮助一样，都是人们回避失败与痛苦的有效手段。

在农业社会，由于生活的单调与固定性，生产的经验至上与地位的继承制，人们在生活中可选择性、创造性与竞争性小得多，其失败机会就小得多。同时，对权威的崇拜与对神的迷信也有利于人们减少失败感。而在工业化社会，由于新事物层出不穷，人与人之间的关系复杂多变，竞争与不确定性增加，更由于人的情感在形式与数量化的生活追求中变得敏感和脆弱，从而总让人有太多选择不当、做到不够好的失败感。

因而，追求生活的简单与自然不是平庸和无聊，这是成熟的表现，也是对生活有深刻认识后的一种境界，且如果一个人能在平淡的生活中获得享受，从简单中感受到意义与成就，那就是高质量与高效率的生活，是成熟的感受经济表现。

正确对待失败与习惯于平淡的生活，是成熟与进步的表现，更是享受生活的必要心态。

失去

得到使人幸福，失去让人痛苦，原因在于我们习惯于好的生活后要求变得更高了。

一公司年终会餐有这样两种方案：一是公司直接与餐厅联系好；二是将钱发给大家，然后再交给组织者集中起来。虽然实质与结果一样，但过程不一样所导致人的感受就完全不一样。其中前者会让人感到快乐与满足，而后者就有让人产生失去的痛苦，因为钱经过自身再拿出来就会刺激我们产生一种没能更好地安排的损失感，且经过自身的时间越长，这种损失感就越强烈。

同样，当领导方向错误导致生活与收入水平低下时我们不会太痛苦，因为理解这种损失很困难而难以形成负面的比较；当我们辛苦工作所创造的财富被领导浪费或贪污也能忍受，因这仍是比较抽象的东西；而当有人从我们身上借走钱财不还，或者小偷从我们身上偷走钱物，即使数量不大，我们可能就不会容忍了。这不仅因为他人与小偷的不良行为，更因为我们已适应了这些钱物归自己所有的心理状态，或者因这些钱物给自己的印象太深，从而失去时产生了强烈的痛苦刺激。

人们因需要得不到满足而痛苦，而追求的失败不仅因付出了代价导致痛苦增加，更因强化了欲望而导致痛苦变得强烈。同样，需要得到满足让人幸福，但满足后因人的生理与心理可能产生适应性反应，从而这种需要在重新失去时会变得更强烈，此时不能得到的痛苦就比最初不能得到时的更大，以至于在失去时很容易产生情绪化行为或者变异。且这种变异可能不是好事，它常常让稳定与健康的心态受到破坏，特别是亲人的失去，或者严重的被盗等都可能让人的心情变得很差。

得到使人幸福，失去让人痛苦，这不仅是因为有相应的损失，更在于我们习惯于好的生活后要求变得更高了，由此得不到的痛苦比最初不能得到时的痛苦更大，因为享受不仅增加了事物的印象，还会更多地使人的需要因适应性与习惯而增加。

补充说明：这是由于人的心理与生理经过长期的接触和感受产生了适应性变化，虽然长期的追求也可能会在心理上产生这种适应性变化，但程度会小些，即更多地表现为一种习惯而已，因此我们把后者看作印象加深的一种影响。

人们对失去的较大反应还可能是因为一种危机意识。这是因为在传统恶劣的生存环境中，人们常常有一种本能的不安全感，失去与变化一样意味着不确定性危险。如果说变化还可能是机遇，那么失去就完全是危险了，这自然就会让人产生紧张与压力，并形成了人类对自己所拥有的事物与习惯有种特别的珍爱、对失去的敏感与不适。

如何理解人的需要在满足中增加？这就要做进一步分析。人的需要有两种：一是对变化的感受需要；二是内在的重复与习惯性需要。其中对变化的感受需要是生活的意义所在，它取决于事物的新颖性程度与人的内在，也即人的习惯性需要，而后者，即习惯性需要是人们没有感觉与感受需要的，除非有前者，即变化的感受刺激才能反映出来。

为什么一些事物是需要的甚至是不可缺少的，而人们对它们却没有感觉与感受的需要呢？其原因就是这种感受没有意义。如每天必需的重复与习惯性吃、住、行等，这些虽然对人的生活很重要，也是人们必须获得满足的，但人们不会去想它，因为想它没有意义，人们只需习惯性地完成相应的行为。而人们感受变化与不同在于其有意义，人们要根据这种意义来调整行为，并形成一种激励与习惯，即人们对变化与不同本身的敏感和偏好。

虽然人们对习惯性需要没有感受，但很敏感。于是变化与不同涉及人的习惯性需要，即"潜伏"的需要一旦受到刺激，人的敏感神经就会被激活，其感受欲望就会很强烈。也就是说，同样的变化，当与人的习惯性需要越相关，其感受的意义也就越大，人们所受到的刺激也就越大。

如对于一车祸，当受害人是陌生人，我们是不会很在意的，而当受害人是熟人与明星，我们就会有很大的感受欲望，因为熟人或明星与我们有一种习惯性的关注和更多潜在的感受需要。

当人们感受一事物，最初因事物的新颖性最强，因此给人的刺激与感受程度最大，后来随着感受时间的增加其新颖性逐渐减少，人的感受需要与程度也由最大逐渐变小，直至消失。

然而，人的习惯性需要却在感受和重复中发生变化，且可分为两种：一是适应性变化，表现为人的需要在感受中增加；二是相反的不适应变化，即人的需要在感受中减少。而失去常指人们在产生适应性变化后再失去，**补充说明：或者是失去的是人们与生俱来的，有意义的，人们的习惯性更强，其痛苦自然也就更大。如突然变成了盲人等）**，人们对这种需要的欲望又重新出现，且会更大时的情形，由此得不到满足的痛苦感也比当初得不到时的更大。

如人们刚获得小车时对小车有强烈的新颖与幸福感，而在经过一段时间的使用后，其新颖性与人的感受需要都降为零。此时，若是人们在获得小车享受后对其适应性降低，即没有重复性的习惯需要，这时没有小车给人的痛苦就不大，这就是对小车的不适应感受变化。

但在这一享受过程导致人生理与心理变得更适应有

小车的生活后，不管这种适应是因为身体的舒适、出行的方便、一种地位的满足等，都让人难以放弃。这时若再失去小车又重新回到没有小车的生活，其欲望就会因人的强烈习惯性需要而重新产生，且比原来更强烈，其不能得到的痛苦也就可能比得到时的幸福更大，这也是我们关注的失去，因为有失去的享受实际上是一种痛苦与失败因而需要人们注意，或者说让人产生适应性反应后的失去也是很有意义的。

厂家做商品广告，并让人们试用，其目的有以下两个：一是让人们形成经验印象来影响人的行为；二是试图让人们产生适应性反应从而形成相应的消费习惯与需要，且品牌价值就是这种印象与习惯性生活形成，或者改变的代价。

因此，人们对习惯与平淡的生活没有感觉，并不意味着人们愿意放弃，因为人们在接触该生活后，其生理与心理已产生适应性变化，从而本能的需要在增加，但由于没有新颖性刺激与选择性意义而不再形成感受，直到失去时才有不适的反应而产生更强烈的欲望和痛苦。

如住上新房，刚开始人们感到兴奋，但时间久了就不再有感觉了，但这并不意味着人们愿意恢复原状，因为人们适应了这种优越生活，而此时失去这种生活，其变化的痛苦刺激就会产生，且大于最初所给人带来的享受，或者说大于当时不能得到的痛苦，只是这种感受在拥有与习以为常的生活中没有表现出来而已。

许多生活内容人们需要它甚至不能缺少，但人们并不在意，而这种不在意既可能是习以为常了，也可能是从来就没有发现它，不知道它的存在，直到失去时才引起注意。

这也给我们一种启示，即要想知道一事物对一个人的重要性，就可有意识地让其失去来观察其反应，如亲人与朋友的离开、工作与环境的改变等。

的确，许多生活内容虽然人们离不开它，但人们已经习以为常而没有感觉，谁会去感受无意义的事呢？如人的四肢，谁会去多想失去时的情形呢？在吃穿足够时谁又会去多想饥饿时的情形呢？夫妻始终如一地亲密谁会去想分离的情形呢？而只有在失去时人们才感觉到它的存在与意义，不过此时的感觉却是需要得不到满足时的痛苦。

我们把所需要的生活内容分为享受类、必需类与生存类三种，其特点是它们给人的享受感是依次减少的，而人们对其习惯性依赖却是逐步增加的。这就跟对小车的消费一样，刚开始事物因新颖性程度大而让人们感到很大的刺激与满足，随后就变成了一种习惯性与必需的生活，其新颖性减少，直到为零而没有感觉与幸福可言，但失去时的痛苦却在增加。

于是，尽管美好的新事物给人以享受和幸福，但人们对其需要与依赖程度并不高，即没有这些享受人们照常生活，只是有些意犹未尽的遗憾而已。

尽管人们很需要必需品，但却习以为常，如人们拥有丰衣足食的生活却并不会因此感到幸福，但失去时却会产生很大痛苦。

　　生存品更是如此，以至于离开它就无法生活，但人们不断重复、长期如此又失去了感觉。

　　我们之所以追求发展与进步，在于发展与进步能给人享受和幸福，但给人享受和幸福的是发展的过程而不是结果。即变化给人带来的幸福感是暂时的，最终不管结果如何，人们的生活水平有多高，拥有的再多，都会形成一种习惯且因平淡而失去感觉，除非受到变化刺激，如看到穷人才感觉到自己生活得不错，或者因有人得不到而产生满足感等。

　　因而，当社会在不断发展、人们的追求在不断实现时，却发现幸福感在重复与习惯中减少了，如当一个人经过艰辛与努力变得富裕时，却慢慢发现没有什么意义与乐趣了。

　　相反，人们的生活内容越丰富，得到的东西越多，或者习惯于太优越的生活时，进一步得到机会与可能已变得更小了，而失去的机会却在增加，产生痛苦与更大痛苦的可能性更大，尤其是对于不稳定的生活，这也就构成了让人痛苦的"幸福陷阱"。

　　生活中，我们常常羡慕他人，觉得他们的生活如何如何好，从而感到他们特别幸福，这种看法存在问题，因为这些对他们来说，仍可能是平淡与习惯，除非这是他们刚取得的生活成就。

　　于是，当你和富人朋友去城里很好的餐厅吃饭，对于你来说，这些食物简直是美味佳肴。而对于你的朋友来说，这不过是习惯性的晚餐，或者他在遗憾与苦恼没有更好的吃饭地点和方式，或者他仅仅是因为你幸福而感到幸福。

同时，他们可能面对更多不确定性与失去压力的"幸福陷阱"，如投资失败、特殊关系的消失或者政策的变化导致其依赖的环境恶化等，其面对的痛苦同样是很多的，只是你感受不到。

这时也许我们更幸运，因为我们的生活水平低，很多生活我们还没有享受到，因而我们有更多的生活潜力，或者我们的生活稳定而充实。在这种情况下，应该得到羡慕的是我们自己。

试想，若"守株待兔"的农夫不是偶然捡到一只死兔，而是持续一段时间，在农夫习惯于尽情享受、忘记了种地和不愿过艰辛生活时突然捡不到死兔，其痛苦与生活的不适会如何？这死兔的出现不就是一个"幸福陷阱"吗？

于是，当生活的发展表现为历史的必然，如人类生活水平随生产技术的发展而进步，个人生活水平随个人的能力与努力而提高，这时的幸福获得就比较稳定，人们就不可能因失去而掉进"陷阱"中，这也就是健康的生活与发展。

但若在富足与幸福中隐藏了太多不稳定因素，如存在罕见的自然灾害与市场经济波动、依赖特殊的关系与权力，或者仅仅是一种幸运等，就可能使人们掉进"幸福陷阱"中。

　　或者，在发展中我们崇尚权力而忽视平等、追求财富而忽视环境、迷信技术而忽视思想，注重个人利益而忽视道德，在乎眼前而忽视长远，这也是在自我构筑生活的"幸福陷阱"，是非常危险的。

道德

生活中一个值得关注的现象是人们为什么在他人危难时要伸出援手而置个人利益于不顾，我们对此的解释是因为人的"相同性"情感与理性思想所产生的道德要求。

有人在家里养了一只年幼的黑猩猩，当黑猩猩爬到房顶上时，为了让它下来通常采取的办法是叫喊、斥责或拿出食物，但很少起作用。这时如果主人坐下来假装在哭，黑猩猩就会马上来到主人身边。

出现这种情况的原因在于，黑猩猩与人产生了相同的情感反应，即人的沉默、流泪等痛苦表情也让黑猩猩感受到一种负面情绪，于是黑猩猩为了减少与消除这种"连带"的负面情绪，就会来到人的身边并试图改变。

相同性情感也被西方学者称为"移情"，它产生于群体生活，且动物也具有这种"移情"的行为，并能在与人互动之间产生。

如黑猩猩与人之间产生"移情"，只不过人与动物的移情是因为该黑猩猩固有的心理反应还是长时间与人互动的结果就不得而知了，也就是说这种移情带有普遍性还是特殊性还有待更多的研究。但可以肯定，没有这种相同性情感反应，黑猩猩是不会有这种"行善"行为的。

在人类最初的群体生活中，人们面对的是相同的环境与得失，这样很容易产生有特定形式、能相互理解的肢体语言。因此，人的特定肢体语言就容易给他人一种暗示而产生相同性神经反应。如人们在看到他人痛苦与兴奋时，能很快意识到，对自己来说有同样的事情发生而自然地陷入同样的痛苦与兴奋中。

这种群体生活中的相同性情感反应使人慢慢地形成经验与习惯，即他人幸福自己也会感到幸福、他人痛苦自己也会感到痛苦，即使他人的幸福与痛苦和自己无关。

人的行为是由大脑支配的，且不同的行为导致相应神经元的活跃，而群体生活又使得人们的这种行为与神经反应的关系更为密切、规范，并相互影响。

道德首先产生于人们之间的相同性情感，即同情。于是，人们之所以会通过帮助与安慰来使他人走出困境、摆脱情感阴影，就在于自己也因此产生了负面情绪而有改变的欲望。而当他人成功、幸福时就与其共享，这样大家都能得到幸福。

因此，我们同情弱者、帮助他人等行为的实质仍是自我需要的、自利的经济行为，只是这种自利行为符合大家的需要而被称为道德。

然而，行为的个性化又不断地挑战着生活的相同性情感。以黑猩猩举例来说，当黑猩猩来到人的身边后如果人能表现出高兴与友好，黑猩猩就能获得一种满足与激励，这种经历也就会被黑猩猩肯定与重复而形成习惯和个性。但当黑猩猩来到人的身边而人表现出无动于衷、甚至有驱赶等反应，黑猩猩就会感到无能为力，并形成与己无关的经验而变得冷漠，甚至因给自己带来负面情绪而反感等，其相同性情感与道德行为就会受到抑制。

对于人类来说，自然是更加个性化的生活与自我追求导致了更复杂的情感和思想。如当遭遇不幸的人太注重个人利益而无视他人的存在，或者对他人有过不友好的经历，如伤害过别人等，人们的相同性情感就会受到抑制，并形成一种事不关己与"乐见其成"的冷漠情感。或者当我们发现他人的幸福与自己无关，即不能给自己带来任何好处，甚至他人的幸福对自己不利，如欺诈与腐败等，这样他人的幸福就会刺激自己产生相反的情感反应，即嫉妒、痛苦与愤怒。

为什么我们总希望自己的亲人、朋友生活得幸福而不是痛苦与不幸呢？

其原因就在于亲人与朋友不会让人产生这种负面的联想而让人能从中获得幸福分享，且还会形成对自己有利的预期，即有条件与机会帮助自己等。

同样，当我们到一个陌生的地方去另一个社会体验生活时，也会希望当地人幸福，因为他们不会对自己带来伤害，更没有伤害自己的经历而让人们放弃了习惯性的紧张与压力，并从他们的幸福中获得分享。

在这日益复杂多变的人际关系中，**我们的情感与思想变得很丰富，而每种情感与思想都容易被激发而决定我们的选择和生活方向，因而生活的环境就很重要。**且当人们在生活中能友好相处、社会公平与公正，则我们的同情心与道德思想就容易被激活而表现出美好的一面。相反，当社会缺少公开与公正、友好与信任，生活的幸福与痛苦更多地建立在个人得失与有限财富和地位的恶性竞争上，人们就会更多注重个人情感与表现出自私行为，从而排他情感与不道德行为就容易产生和发展。

人的行为常常是各种情感与思想的反应。对待他人的生活，我们常常处于一种复杂而矛盾的情感与思想中。一方面，由于相同性情感作用而希望他人幸福并分享幸福；另一方面，在个人的生活与利益追求中，当发现他人太幸福、生活得太好，自己好像又失去了什么，或者说，有时我们在自利的情感作用下总希望他人生活得比自己差、比自己穷，由此让自己获得满足感。但我们又不希望他人太穷与太辛酸，以免给自己带来太大的负面情绪，由此决定了我们总是希望在自己不受伤害的情况下同情和帮助他人。

相同性情感促进了人们行善，也能增进生活的互助与健康。假如你是一个很富有的人，100 元钱对你的作用与意义就很小，如仅仅为 10 个单位，但如果资助给一穷人或者穷朋友，这 100 元的作用就很大了，可能是 80 个单位，而富人获得的幸福分享也就可能是大于 10 个单位，如 20 个单位。这样，富人因资助穷人获得相同性情感分享大于用于自己消费，加上他人获得的幸福与对社会的道德激励意义，可以说行善的意义是无穷的。

这也说明，如果人们能友好相处，其意义与幸福的获得是很容易的，改善生活的环境、提高生活的质量比发展经济重要得多。

加拿大一所大学做了一项实验，即超过 200 名大学生每人收到一笔买礼包的钱，他们可选择给自己买或者给医院中的孩童买。结果显示，那些选择给孩童买零食的大学生得到的幸福度更高，从而导致了他们更愿意行善。

其实，互助也具有行善的意义。人们对互助的理解常常是一种"经济"行为，即你在某一方面，或者某一时间有能力和机会帮助他人，而他人又可在另一方面与另一时间反过来帮助你，这样大家都能以较少的代价获得较大的方便与满足。但是，当你通过自己的努力与帮助让他人获得方便和成功，你感受到了一种幸福与满足时，可能就不会在意他人的回报了，即你可能觉得这种体验与分享已经值得你去付出了。

美国哥伦比亚大学教授约翰·罗博士认为，人们志愿服务是一项重要的公共健康行为，因为从事志愿服务因让人感到一种良好的情绪而让人的神经、内分泌、心血管等功能调节处于最佳水平，从而促进人的身心健康，让人们自愿付出。

相反，人们以自我为中心、注重个人享受与得失、嫉妒心太强，人的情绪就很容易走向负面，人们的生理健康与生活质量就会严重下降。

嫉妒是与相同性情感相反的一种情感，即不愿看到别人好、比自己强，是人们注重个人利益的表现，它产生于有限的、社会性的生活资源因被他人不合理地占有而产生的痛苦情绪，但若在生活中一些人经常不合理地获得利益，就会演变成凡是别人比自己好就难受，见到他人幸福就痛苦的习惯性心理，此时，人的相同性情感与道德行为就会受到严重压制，仇视与冲突就会更多地产生，由此导致生活效率与质量的下降。

嫉妒虽然不利于道德生活，但却是自我意识与思想发展的一种体现，因为当我们发现他人的幸福不能给自己带来实质性好处甚至还有害时，我们为什么要盲目地感到高兴呢？于是，为自己的利益工作、竞争与斗争才是必要的。

因此，我们认为人类这种嫉妒情感对相同性情感的压抑并导致道德退化是暂时的，甚至是表面的，因个性化生活、自我利益的追求以及由此形成的人与人之间的博弈能更好地促进人的思想发展和社会的制度建设，并在生活中形成更多与更合理的是非标准，从而重建更健康和更稳定的道德生活，社会也因此才会变得更加有序而成熟，且这也是道德行为产生的第二个原因，即思想。

因而当一个人不再情绪化地盲从道德行为而开始个性化生活与思考个人利益时，我们不应感到太多的不安与恐惧，这也许是成熟与成长的表现。

人的思想与情感获得发展，自然会希望生活更有效

率与更美好，对道德要求也就高，也更敏感。此时，我
们就会发现自己更难漠视他人的痛苦与不幸，并能更好
地分享他人的幸福，对行为的约束也就更严格，对不道
德行为也就更难以产生与容忍。

　　这时，在他人面临困难与危难时，不仅有相同性情
感作用让我们自愿伸出援手，还有思想作用促使我们伸
出援手，即当意识到他人不应该有这样的困境、不应该
得到如此下场时。如果我们不施以援手，结果将非常糟
糕时，我们自然就更不容易无动于衷。且在这种道德行
为中，人的相同性情感与理性思想是相互促进的，并由
此逐步增进人们之间的理解与互助、平等与团结，以及
形成善良、友好、宽容、责任与诚信等优秀品质。相反，
当人们不具有这种相同性情感与思想的成熟，就会表现
出自私与仇恨等恶劣品质，群体生活就会低效、混乱。

　　因而，如何培养和发展人的相同性情感与提高人的
思想水平也就成为社会的重要问题。

　　在动物的进化中，科学家发现，凡是具有利他性与
能为群体牺牲的动物才具有生存机会和竞争优势，因而，
群体意识与自我牺牲精神是动物群体生活的一个基本
要求。

　　不过，动物这种群体意识与自我牺牲的精神更多建
立在本能的生物个性基础上，因而其互助性很有限。而
人类就不同，对人类而言利他行为不仅是一种相同性情
感需要，更有广泛与深入发展的思想和个性化的生活需
要，并在群体生活中容易得到激励，也容易在个性生活

中受到损害。

群体意识与自我牺牲精神有利于社会公平，但也容易导致少部分人的个人主义与自私行为发展，如欺骗、犯罪与腐败等病态行为也变得容易。于是，道德生活不仅需要人的相同性情感，更需要建立在思想基础上的成熟的社会与法制的支持。

生活需要建立平等与法制，并有对违法者的惩罚与违反道德的谴责，使违法与不道德行为的代价增加从而有利于生活的健康发展。

当一个人违反道德与法律时，我们希望他被惩罚和谴责，这不仅是因为本能的嫉妒，更在于这损害了人们的健康与美好生活而产生了人性反抗。

这就是说，道德行为不仅是相同性情感需要，还有因思考而产生的对无助、混乱与冲突的恐惧，这也是守法与道德行为总容易得到人们的认可与鼓励的原因，因而，法制建设与依法办事绝不是小事，而是人们健康与美好生活的保障。

我们说生活是美好的，原因就在于人们有向往美好生活的本能愿望、建立美好生活的自觉追求。因而，在生活中，我们也就很容易发现美、创造美，由此必然形成有美好与激情的道德生活。

于是，像友好与礼貌、助人与感恩、诚信与守法等文明行为我们就不应该只理解为传统的礼仪文化，而是人类发展与追求美好生活的必然和普遍性表现，是人们自觉的思想反应。但如果没有人的思想发展与社会制度进步，道德与文明就很难得到保证和发展，只靠文化习惯与说教来维持和推进显是不够的，这就要求政府有很好的管理能力与很强的责任感。

生活的意义不仅在于你得到了什么与获得了某种满足，更重要的是人的情感能被更多的因素激活，幸福感能从更广泛的生活中获得，同时人的情感与思想能因此得到健康发展。

如人们之所以在生活中热衷于分享、需要分享，在于它不像财富那样因你的参与而导致他人享受的减少，反而还会因自己的参与而增加，同时激励人们保持友好与信任。同样，生活中的道德行为也能让生活的美好与激情增加。

人在遇到痛苦与不幸时，其心理向好方向的转变往往比我们想象的容易，因为此时人的内心渴望幸福与寻找美好的欲望更强烈，其身边简单的道德行为自然就成为人们生活的需要与依赖，此时他人的关心与帮助所带来的意义也就往往大于想象。

有人对残疾者做过调查，结果发现他们仅仅因身边有人陪伴、照料与微不足道的关怀而产生幸福与感恩，并因此忘了不幸与痛苦，这也可解释为什么当社会出现危机与灾难时人的道德情感很容易被激发的原因。

道德是很容易表现与发展的，因为人的内心需要它。因而，在很多情况下我们做一点善事、表现出一点友好与赞美并不会给自己带来多大的损失和麻烦，但其道德与社会意义却是无穷的，我们何乐而不为呢？

生活中，可能会出现这样的现象：弱势与边缘化的人更容易产生道德需要，因为他们需要美好、享受美好，而道德行为是最简单、容易产生与获得的美好。相反，富贵与权势者由于可获得的享受机会太多，对道德的需要就不是那么强烈了，甚至可能以破坏道德约束来获得更多的、超额的享受，这显然对多数弱势者来说就非常残酷了。这就是社会可能出现穷人维护道德，而富人破坏道德的原因，这时社会就更需要公平与法制。当然，如果这种人为地破坏道德的现象太多，太普遍，那就是社会出现严重的问题了。

因此，在是非与道德面前人们不能因为事小而不为，特别是那些具有广泛影响力的人，面对公众时更应该注重自己的道德表率与社会责任，民众也很想看到他们积极的一面。

其实，人与人之间的关系本来就应该是一个平等、互利的共生关系，因而，任何人在追求个人利益的同时不应忘记他人利益。这才是大家乐意看到的现象，并由此形成一种互助、互利与共享的关系，这才是健康、美好的生活，也是我们应该追求的。

因而当我们感到无聊时，何不热情地去关心与帮助他人、参与社会公益活动，由此从他人的成功与幸福中获得激情并提升群体生活的效率呢？帮助他人、为社会做贡献并不需要我们很富有，也不是一定要有很强的能力与专业知识，需要的仅仅是人们对生活的热情。

在社会高度平等的国家瑞典，有 66% 的人表示信任周围的人；而在葡萄牙，只有 10% 的人表示信任其他的人。很难想象不相互信任、不注重个人利益的社会道德感有多强，人们的幸福与生活效率会有多高，也很难想象没有平等与友好如何能产生信任、责任与道德。

社会需要发展与进步，而在这种进步与发展中必定有一部分人先获得成功，但如果人们能更多地感受到这种成功的付出过程，且成功者能向社会更多地展示自己的道德与责任，则人们就会感受到生活的美好与发展的意义而有利于发展的持续。

在公开与公正的社会，成功与富足常常有被人们认可的经历和过程，他们也能理解贫穷与失败而具有同情心，从而也更容易与人分享成功与财富，这样的贫富差距就不会给生活带来太多的负面影响。而在腐败与财富、权力至上的社会，公开与公正就很难在生活中得到表现，由此造成的巨大生活差距总是令人痛苦与不安，且少数人的不劳而获与先天的优越感容易导致他们去炫富和显示与别人的不同。这显然是很危险的。

社区与市场

我们不仅要建立以效率为目的的市场经济，更要建立有利于提高生活质量的、互助与共享的、人性化的社区生活。

生活需要通过交流与交往来实现互助与共享、提升生活的效率。

在生活的交流与交往中，人与人之间需要一个稳定与固定的关系，像传统的家庭、邻居与族群等。

随着生活的发展，人们需要更大范围与更多形式的交往，这时就需要发展有利于交流与交往的"社区"。

社区原本是指市民生活的小区，但这里我们是指有利于人们交流与交往的平台，它包括固定地域的交易市场、住宅小区、学校、企业、公园与议会、宗教场所等，也包括特定形式的群体，如特定偏好的网友、组织等，还包括相应的文化资源与环境，如有浓厚传统文化的街道与建筑、古迹与文物等，或者特定的习俗生活，像传统的摆摊叫卖、喝茶酒聊天与艺人在特定的地点以特定的方式表演，甚至包括有特色的产品宣传、选举拉票等，其实质是在一种特别的地方、以一定形式来吸引大家，激发生活的热情并有利于人们交流与交往。

生活的发展让人们对社会提出了更高的要求，并通过社区生活体现出来。社区生活的意义表现在如下几方面：

一是通过团结互助来获得群体生活的效率，如规模化生产与工作、团体生活与消费。

二是强化、传递与创造美好的感受。美好的事物需要分享来强化感受。同时，交流可互通有无、传递信息与创造生活，如故事、表演与游戏。

三是激发生活的激情。现代社会不是靠权威与教条就能让人们生活得好，而要以人为本，通过社区生活与文化吸引大家，让人们美好的情感与品质在社区中得到激励，丰富的个性与思想在社区中得到展现和发展。

最新的研究显示，一个人的社交圈子越大，其大脑记忆量增加越明显，因为在更多的社交中需要大脑更多的记忆联结，并处理更多的个人信息，从而能更有效地激活大脑、刺激其发展。且人际关系的深度与广度对生活的影响就像饮食和锻炼，找到自己的归属感、学会与人相处对提高人的生活质量至关重要。

社区生活有利于人性与平等回归。因为在社区生活中，人们若想追求成功与地位，就必须更多地体现其自身的价值，如以思想、知识与道德等来获得影响与地位，而人人都有这种成功的机会与条件。相反，建立在财富与权力之上的生活只会让人变得无奈和痛苦。

发展各种形式的社区生活也是增强社会凝聚力的手段。人们常说家庭是社会的细胞，而只有家庭这个细胞健康，社会这个大家庭才会健康。但以家庭为单位来构造社会有太大的局限性，这主要是因为一个家庭的单位太小、"功能"太少，社会也很难介入隐蔽与自利性强的家庭生活。而社区就不同，它是一个公开、透明与"功能"完善的生活单位，也是人们平等参与社会生活的基本单位；没有这样一个健康的社区，社会是不会正常与健康的。

保留传统的社区生活与环境，既是生活的需要也是社会文明发展的需要，因为这些旧有的东西越是长久，它所包含的文化底蕴就越深厚，其意义与故事就越多，对生活的激励就越大。

社区建设是社会的责任，这不仅是因为人们需要道德关怀，还因为一些社会现象是社会不合理发展的结果，即市场经济总是让少数人有太多机会，而多数人面临更大的竞争与边缘化压力，从道义上讲他们理应获得社会关照而不是排斥。

社会应该重视与发展社区生活，因为这是大多数人参与社会、获得生活乐趣的地方，而他们生活的稳定就是社会的稳定，他们的幸福是政府的责任，但政府为此付出的代价并不大。

社会发展必须以人为基础，现代化不应是对生活中这些看似落后文化与习惯的简单改造，而应是创造更好的社区，让人的情感与思想获得更多的互动和发展，从而使生活变得更有激情的深刻变革。

虽然生活与发展需要物质基础，但是当我们全心全意地创造物质财富时却发现，过度膨胀的市场经济与财富积累带给生活的更多是压力和痛苦。这无疑很不幸的。

物质的发展与生活的改变必须建立在人的情感需要与对生活意义的理解基础上，否则会得不偿失。

发展中国家一个普遍的情形是社会为追求某种表面、形式与技术化的东西而无情淘汰传统和"低端"社区文化，把人变成一种机器与材料来促进发展。毫无意义和目的地改变人的生活，必将造成人的情感压抑与交流、交往困难，生活将变得无聊与无奈。

生活需要道德与平等，发展需要质量与人的情感思想水平的提高。市场经济一方面创造了大量财富、刺激了人们的欲望与贪婪，另一方面又让人陷入无情的竞争中变得自私、浮躁，这种形式与表面的发展必然导致太多的生活与社会危机。

在工业化初期，市场经济的意义是明显的：极大地促进生产的发展与社会的进步，同时因企业规模小而容易参与，收入与地位的获得主要以人的勤劳和智慧，因而这时市场经济也体现出人的平等与自由发展要求。然而，在现代社会更需要平等与人性生活的时候，市场经济却不断导致贫富分化与道德恶化，这显然是极不正常的。这时我们仍大谈财富增长与市场经济意义就显得无知和不合时宜，那些口口声声以市场决定生活的思想也就是极不负责任的。

生活需要平等与发展。于是，当市场经济有利于平等与发展时，我们就应尊重与发展市场，而当市场经济不能适应平等与发展要求时，我们就应该回避市场，或者监督与调控市场。

生活的意义不是得到了什么，而是感受到了什么，而决定这种感受的是人的情感与思想。显然，无情的竞争与不平等的发展是不利于人的情感和思想发展的，且少数人的奢侈生活与炫富很容易让大多数人受到伤害，并产生不信任。

的确，市场经济的意义远非我们想象的那样完美。

首先，物质生产不仅需要资本、劳动力，更需要重要的技术知识、资源与环境，而这些因素是全社会与全人类的，但市场经济总是让少数人有机会利用它们并影响社会，这是严重的不平等。特别是在生产规模扩大、生产与生活"资本"化后，市场经济很容易成为生活不平等与痛苦的根源。

试想，人与人之间有上百倍、千倍的收入差距合理吗？肯定不合理。任何人都不可能为此找到让人信服的理由，人们更感觉不到这种差别的意义，人心的混乱由此产生。

其次，我们应看到技术知识的发展是人类好奇与人们积极参与社会生活的结果，其本身具有很强的发展激励。尤其在技术知识形成系统理论后，其发展的激励与连续性更强。因此，过于看重市场与财富的发展意义是错误的。

再者，在市场经济中对技术知识做出重大贡献的人并没有获得多少财富，如许多艺术家、科学家与思想家的生活并不是很富裕，他们相对于那些存在很大争论的企业高管与资本家来说收入明显太低，并可能影响其工作热情。

补充说明：生产利润的来源与分配是一个有争议的问题，其实我们可以这样简单地理解它，假如工人们在没有依靠技术设备的情况下生产产品 A 的效率是 1 小时 10 件，有技术设备生产的情况下生产产品 A 的效率是 1 小时 21 件。其中利用技术设备所产生的费用相当于 0.5 小时的劳动量，应以 5 件产品 A 作为补偿，这样工人因利用了技术设备生产，1 小时劳动量产生了多余的 6（21-10-5=6）件产品，即利润。但问题是：

第一，6 件产品 A 如何分配。显然按投入量的比例分，则工人投入的量是设备投入量的 2 倍，工人就应得 4 件 A 产品，设备的拥有者，即资本家应得 2 件 A 产品的利润。但参与生产的还有无形的技术知识与环境资源，于是工人得 2 件、资本家得 1 件比较合理，而多余的 3 件就应归社会所有，如作为福利与发展基金，或者补偿科学与思想工作者等。

第二，当社会缺少合理的认识与分配机制，也就可能产生矛盾。如一种传统观点认为，资本家没有参与劳动，故是工人的劳动成果，工人不仅应多得 2 件 A 产品，还应多得资本家那件多余的 1 件 A 产品。其中的一个误区就是工人的投入是无形的劳动，而收入却是一个货币量；而资本家的投入与收入都是一个具体的货币量，"多余的收入"容易让人感觉到不合理。而实际上这是很片面的看法。

在现代化的工业社会里，资本和技术的发展让生产与生活资源日趋集中于少数人手里，多数人都处于不利状态，那么又应如何认识与分配收入仍是一个难题。

更令人不安的是，财富成为人们生活的目的可能带来的生活变异，唯利是图、经济危机、学术与政治腐败等就很容易出现而破坏人类健康的生活规律和发展机制。

市场经济一方面造成生活不平等，并使富者更富、穷者更穷；另一方面，它让人们始终有一种更高的、永无止境的财富追求，由此给生活带来太多的压力，让人们忽视有重要生活意义的亲情、道德与社会责任等。这样的市场经济能给人类带来多大幸福与利益呢？

补充说明：当人们普遍陷入财富与地位的热情中，唯利是图、个人主义膨胀就是一个社会化的生活变异，即财富生活的变异，它无疑会造成生活的痛苦与混乱，这时思想理论的发展、人们生活的成熟就很重要，它是医治这种病态变异的有效途径。

市场经济更多的应被作为发展的过程与手段，而不应把它视为发展进步的标准。实际上，西方资本主义国家在发展市场经济的同时，从来没有放弃对道德与平等的重视，如果我们学习了西方表面与落后的东西而放弃其真实的东西，并因此沾沾自喜，那将是极大的遗憾和错误。

也许问题还在于给人误导的是伪科学的经济学，因为生活从来不是、也不可能完全是物质化的东西，人们更不希望生活物质化，人性化的社区生活才是人们真正需要的与持续追求的。

因而，反映市场行为的（市场）经济学与某种宗教一样，是人类的阶段性思想与某种情感的表现，人们对此没有必要太认真，把其作为一种科学与真理来引导人们的生活显然是错误的。

市场经济与经济学反映了人类对财富数量与效率的追求，它不仅带来了财富的增长与技术知识的发展，也满足了人类在经历长期权威与贫穷后对平等与发展的渴望。

但人的思想进步与道德的更高要求又让人们感到市场经济发展的局限与缺陷，那就是市场经济强烈地刺激了人的物质情感与财富欲望，由此造成对人性与个人权力的忽视，以至于今天出现了像独裁、腐败与严重侵害人权的社会和企业产品遭到普遍抵制的现象，这反映出当今社会理性与道德发展对盲目、非人性化物质生活的否定，反映出人的思想、道德进步对生活的更高要求。

这时，对市场经济的改造也就成为必然，而改造的基本原则就是生活与发展的社区化。

现在许多企业高管与市场专家考虑的是如何把企业做大，把财富做多，而做大与做多的意义是什么？如果这仅仅体现一种效率与数量上的物质意义而同时压低工资、打压对手、恶性竞争、不尊重生产者、消费者与社会等，那显然是不合时宜的。

相反，虽然数量与规模不大，但有良好的企业文化，能让人们在工作与消费中体会到更多的人生意义与美好，企业的意义就远大于形式上的做大与做强。比如，一个尊重人的个性、充满创意与能让员工激情交流的企业将会得到社会的喜爱与认可，并得到相应回报，这不仅是产品消费，还有人心的凝聚，一种文化的欣赏。

企业应给社会留下人性化与良好的道德印象，并与产品一样影响社会，从而成为人们向往的生活社区。

那么，我们又应如何做到生产效率与社区化生活两者兼顾？这是一个复杂的问题。不过，下面的实例可对我们有所帮助。

据一资料介绍，在瑞典的沃尔沃汽车公司有一个凯尔玛工厂，该厂因为实行自动化流水线生产，而遭到工人的厌烦，觉得工作毫无意义，从而导致缺勤与流动率高。为此，工厂把传统的汽车装配线组改为 15~17 人的装配小组，分工负责一种零配件或一道工序，其所有物资供应、产量与质量都由有关小组负责，他们平等协商，小组因此成为一种特定关系的社区。这样一来，该厂工人流动率明显下降，而质量与产量都获得了提高。

由此我们可以看出，在该厂的生产管理形式改变前，人们的工作是呆板的机器化生产，人们常常只需负责几个简单而又重复的工作，其灵活度不大，自主选择机会少，人的正常交流需要得不到满足，并由此形成了人的厌倦与痛苦。而在改变其生产管理方法后，人的个性、灵活性有较大的增加，且人们有平等交流与创意的机会，工作有了乐趣与意义。

这样，我们也不难设想，企业可建成由各种、各方面的人才组成的一个"社区"，它不仅有技术与市场专家，还有其他学者，如医学、心理学与社会学者，他们共同研究更健康的生产与销售活动，使生产活动生活化、社区化，而不是个人意志与权力的体现。

因此，企业生产并非想象中那样沉闷和令人厌恶，而是可以改造、发展成有激情的社区生活。而且，我们可把企业社区化管理进行推广，如让学校成为一个让学生产生兴趣并与老师互动的场所，而不是单调而枯燥的知识灌输。同样，国家管理也可社区化，如公开透明的选举与议政、平等对话等。

这种社区是人们基于各自的爱好与自愿组成的，既然是自愿，就容易流动，其报酬就不会很高，也不会造成恶性竞争。同时，以思想和知识来获得权力并形成一定生活差距也是人们能够接受的，因为在社区内竞争是公平的，且人们之间是一种互利关系，能感受得到差异的意义。

其实，生活资源不仅有物质，还有权力与思想影响。而在人们对生活有更多、更高要求的今天，人们不仅需要财富，还需要能够提供心理、卫生与思想等方面帮助的学者，让他们获得权力与思想影响就很容易形成互利的关系，而官僚与富人就不同了，他们有一种排他性优越感。

人与人之间的差距应是个性发展的结果，并在群体生活中以互利的形式让人感觉到其差异存在的意义，特别是在市场经济有缺陷、落后的传统文化与腐败导致严重的不平等和人的情感压抑时，就更需要重视与重建平等的、人性化的社区生活。

社会发展到今天，我们的生活有回避市场、回归社区的要求，我们也应积极地促使该趋势更好、更快地形成。

生活的储蓄、周期与人口

储蓄不仅仅是指钱物，也包括生活的合理安排。其实，幸福也是可以储蓄的。

一、"储蓄"

我们现在所谈论的储蓄常常是物质的，如我们的钱与物不是很快就被用完，而是存放起来有计划地消费。这样做虽然目前享受少一些，但今后与整体生活就会变得更好。

其实生活中还有很多这样的"储蓄"，即为了生活得好与更有效率，就需要合理地安排并约束自己的冲动。如平时多学习，到考试时就会感到轻松一些；闲聊时，可以一个话题一个话题地慢慢聊，将其意义认真体会完，别急忙把话题全部讲出来，以免随后长时间无话可谈等等。

人的一生能过上什么生活、获得多少享受大致是由其遗传基因与环境确定的。于是，对于人生有限的生活资源我们应当有计划地享受，并为今后的生活留点空间与"储蓄"，其最终的目的是让人的一生充实而幸福。

这就要求我们对现有的生活用心体会，对奢侈的吃穿玩乐不要急于地追求、攀比，并把时间合理用于学习、工作与人际关系的改善。这样，不仅会提高自己的情感思想、充实经济基础，也会增进自己的人缘而为今后的生活创造条件。

而当人们过早、过多地享受生活时，就可能面临今后的空虚与痛苦。如有的人不好好学习，过早进入社会；得到的不认真对待而总是在追求新事物，而能让你得到的新事物却很有限；对他人与社会过多地索取而没有付出，不愿承担应有的责任等，这就造成人们盲目地消耗掉太多的资源，虽然当时得得刺激、精彩，但持续性差。

同时，过早、过急地享受生活，因人的情感与思想能力差，获得的幸福感也不强而造成浪费，或者注重生活的形式与结果而不是过程，也会让人生失去应有的享受与精彩。

但是，我们也不能为了"储蓄"而过于艰辛，以至于损害正常的生活热情与心理健康，这也是一个储蓄与消费、追求与享受需要兼顾的问题。

理想的生活应是这样的：经过自身努力而获得从无

到有的过程，又有在追求中增强情感与思想而能从生活中找到更多意义和乐趣。

优越的生活条件与环境对人们来说既是有利的也可能是不利的，关键在于如何对待和安排，此时懂得幸福的"储蓄"就很重要。于是，富裕家庭的子女就面临一个很好的储蓄机会，即让他们在生活中有目的地节俭些、吃一些苦，并把其优越的条件用在子女的发展与情感的培养上而不是过于宠爱。这样，家庭的优越性就起到了积极作用，即产生了"投资"与"储蓄"意义。

生活总有平淡，而如果习惯于从平淡的生活中找到乐趣与意义，即使生活没什么精彩，我们也感到充实和幸福。从这个意义上讲，培养对生活的适应能力，使我们具备从简单中发现意义、从重复中获得幸福的情感和思想就是一个很重要的"储蓄"。

同样，在工业化生产中，如果我们太过注重财富的增长和生产的效率，不仅会浪费资源、污染环境，也导致人际关系的紧张和人们对未来的疑惑与恐惧，于是这种表面上的精彩就是一种浪费。相反，我们把公平与道德、教育与健康作为社会的基本工作内容和义务，就是具有深刻意义的投资和储蓄。

对于生活"储蓄"的意义，我们可总结为三点：一是世界给我们可享受的生活是有限的，我们应合理安排；二是在享受中先苦后甜、注意生活的过程与细节可增加生活的幸福感；三是注重情感与思想发展，以及相应的社会与技术进步让人受益无穷。

补充说明：对于先苦后甜所增加的幸福我们可用比较理论做进一步说明。假设单独给人 50 个与 20 个单位作用量的 A、B 两事物，这时若先享受 A 再享受 B，即"先甜后苦"，则 A 事物给人的享受量为 50 个单位，但 B 事物给人的享受就会受到 A 事物的不利比较影响，其给人的享受为 20－（50－20）i 单位量，获得的总享受量为 50＋［20－（50－20）i］。相反，若人们先享受 B 再享受 A，即先苦后甜，则 B 事物给人的享受量为 20 个单位，而 A 事物给人的享受就为 50＋（50－20）i，获得的总享受量为 20＋［50＋（50－20）i］。显然，先苦后甜获得的享受大于先甜后苦，即为：20＋［50＋（50－20）i］－｛50＋［20－（50－20）i］｝＝2（50－20）i。

二、生活的周期

决定生活意义的是人的情感思想。一个人的情感思想越丰富，被感动就越容易，在同样的生活中找到意义和乐趣的机会与可能性就越大；反之则越小。

当然，情感与思想的丰富使人们对痛苦和不幸的感受也会变得强烈，即情感丰富同时加剧了生活幸福与痛苦，那么是不是说情感思想的高低最终对人的生活幸福并无多少意义呢？显然不是。

痛苦产生于渴望幸福的压力，故没有幸福的欲望与追求享受的思想，痛苦也就失去存在的理由，这决定了痛苦在生活中的次要和从属地位。

情感与思想的丰富有利于幸福的获得，但是这种幸福增加又不如人们想象的那么多，即幸福并非随着感受能力与生活热情的增加而同步增加，因为有相应的痛苦也会增加而抵消了人的部分幸福，而我们所说的幸福随感受能力倍增只是对单个事物的感受而言的。

有的人虽然情感丰富，但更多地表现为负面情绪，这显然是极少数，或者说是病态的表现，如抑郁症，且可以从心理上给予帮助与治疗而使问题得到解决。

人的情感发展增强了享受，也加剧了痛苦，这正如大脑神经的发展加强了人们对外在刺激的敏感而将人的舒适与疼痛变得更强烈一样。但舒适会更多，是主要趋势，生活的幸福感也是主要趋势，因为生活的本质就是享受美、发现美与创造美，且如果我们注意良好生活态度的培养与道德建设，幸福的增长潜力还是很大的。

那么，应如何提高和发展人的情感和思想呢？

第一，要体会生活的艰辛。其意义是降低生活的要求与标准，让人的心理更容易感动。

第二，要经历过程。人们只有在过程中才能更多、更深刻地体会生活，也由此形成真实而丰富的情感与思想，并使人的大脑神经产生更多的记忆，人们的生活才能变得更敏感、更有意义。

第三，激情享受，尤其是情绪化共享不仅增加了幸福感，也可刺激人的愉悦神经而促进其发展。

第四，注重医疗与环境对情感的影响。加拿大道格拉斯学院通过对 29 名志愿者的调查发现，人们对生活乐趣的感知能力取决于位于大脑皮质层下中心部位的尾状核的体积大小。当一个人对所有事物丧失兴趣,其尾状核比正常情况下的体积小。这是人类第一次在快感缺失症状与大脑中心尾状核的体积之间建立联系,使治愈某些精神疾病、为人类从生理与医学方面着手增进人的幸福成为可能。

那么,正常的人是否需要这种医疗呢?答案是否定的。因为对于正常与健康的人来说,获得幸福仅仅需要健康的生活,而以药物来获得幸福只是表面与暂时的,最终结果就像毒品一样有害。

但是,人的情感也可以通过培养与环境影响来改变。如父母乐观开朗,则子女的性格就会受到良好的影响,并变得喜欢交流、积极向上与爱好广泛,否则便会变得孤僻与冷漠。

平等、友好的人际关系有利于人的情感与思想发展,而恶劣的人际关系不利于人的健康发展。如果人们整天为吃穿操心,在钩心斗角中担惊受怕,在恶意与欺骗中处处受到伤害,人的情感与思想就会变得消沉。

生活是一种感受。而人们获得这种感受取决于两个因素:一是外在的环境刺激;二是内在的情感思想与知识。相对于人的短暂生命,社会进步与环境的改变是一个缓慢的过程,且人的幸福感随人的内在情感思想变化表现出周期性。

人的情感思想是随年龄增长而变化的。其中婴儿是没什么情感思想的,故也没有幸福感可言,但逐步增长,至二十岁左右因生活的重复性增多与心理的成熟而缓慢、至停止增长，最后在五十岁左右因生理与心理的逐步衰老而开始减少。

这就是说，人的情感思想与幸福并不是由开始时的最大，然后逐步减少的过程，而是从小到大，再从大到小的周期变化过程，且我们可把它分为增长期、稳定期与衰减期三个阶段。

人的生活热情与幸福的高峰期应在 10 多岁，这也就是我们常常感叹与羡慕的花季年龄。此时他们的生命力最强，是情感思想增长的高峰，他们既能以最大的激情与能力享受生活，又有一定享受生活的潜力，自然也是最幸福与美好的人生阶段。再考虑到生活的独立与自由，故可能二十多岁才是人生幸福的顶峰，不过此时享受生活的潜力可能已经没有了。

对于少儿来说，由于其生活内容单调、贫乏，其生活的经历与经验少，故生活中很小的不同（在成年人看来也许很无聊）给他们的刺激与满足感都会很大。同时，他们的情感、思想与知识又处于快速的发展期，享受生活的潜力巨大。因此，成长中的儿童与少年往往特别快乐和幸福。但是他们情感思想与知识又不是很成熟，自然又限制了他们获得享受与乐趣的能力，故其幸福与快乐略低于花季年龄的人。

相反，对于 30~40 岁的中年人来说，虽然情感思想取得了很好的发展，但各种负面因素也在开始增加，如生活的重复性与负面情感也开始增加，故是生活幸福的相对稳定时期。

而对于约 50 岁的老年人来说，由于其生理机能老化，情感与知识不仅不会增长，且出现下降趋势。同时，他们丰富的生活经历也影响了他们对新事物的兴趣，因而他们的幸福感在逐步减弱，故是幸福的衰减期。

此时，对于年龄更大一些的人来说，若有人倾听其故事，亲切地与之交流，这就不是增加其快乐的问题，而是其生命延续的大事。因而关心老年人的生活，多交谈与回忆是很重要的，这与年轻人的生活需要物质与环境刺激一样。

当一个人的生活能力强，即生活的热情与思想预期能力越强，则其死亡所产生的损失与痛苦感就越大。因此，青年与最有幸福感的人在面对死亡时的痛苦也很大。相反，婴儿与老人要么感受能力还没形成，要么预期能力与可预期的生活能力衰竭得差不多了，从而对死亡的痛苦感小，这可解释为什么婴儿与老人死亡比不上年轻人死亡更令人痛惜的原因。

而之我们所以对幼小生命给予更多关注，似乎是一种错觉，因为他们还没有享受到生活所以最不应该死亡，显然这仅仅是我们成年人的理解与情感反应而已。

所谓寿终正寝，不仅是指死亡的形式与死者年龄，更指人的感受与预期能力的衰竭，即生活周期的结束，死亡的痛苦感基本，或者完全消失的情形。

相对于个人的成长，物质与社会发展是相对稳定的，即生活的环境变化不大。不难理解，社会发展变化快，人的幸福高峰期将延后，有更多追求的人的幸福高峰期也将延后，其结果是他们整体的生活幸福也会增加。

随着社会的发展进步，人类的整体幸福感是增加的，虽然这种增加是缓慢的，还会受到腐败、不平等与人际关系恶化等许多对幸福的不利因素的影响，甚至出现暂时的倒退，但难改幸福增长的总趋势，且从理论上说人类因其永恒的存在与发展而能成为无比幸福的"快乐小鸟"。

三、人口论

不同生活的条件与方式，有不同的人口规律。

在极贫困与落后的原始社会，人的生与死是一种很自然的现象。此时，尽管人口的出生率很高，但恶劣的生活环境导致的死亡率也很高，从而人口的增长极其困难。

而在漫长的农业社会，人们有了一定的经济条件和追求，从而对生育也就有相应的考虑与安排。这时多生育是必要的：子女从小就是一种家庭劳动力，又是防病养老的投资，而人们付出的仅仅是储存不了的粮食与无处消磨的农闲时间。

同时，建立在落后生活与人口数量需要基础上的传统文化，如传宗接代、家族兴旺与缺乏有效的节育手段也导致了生育率常常居高不下，其结果是人口成倍增长。与此相反，建立在有限土地与重复性劳动基础上的食物生产却难有较快的增长。

这样，当人口增长到一定程度，就会因自然灾害与战争而引发大量的饥饿死亡，直到人口减少到合理水平而再次形成新一轮的增长，这就形成了传统而落后的农业社会的难以回避的人口规律。

当人类进入工业社会，由于物质文化生活的丰富，人们逐步摆脱了以家庭为单位的生活，生育子女的现实与思想也就发生了变化。

此时，生育子女的意义主要表现为生活的体验与精神上的寄托，而代价却很大：子女需要很长时间的学习与投入；人们生育子女的辛苦导致参与社会生活的减少。且这种收益与付出呈现出两种相反的变化趋势，即收益在快速递减，因为人们感觉到有一两个、最多三个子女就能很好满足需要了，相反，付出却在递增，也许生育一两个子女在费用与时间上还负担得起，多了就会让人难以承受。

同时，技术知识的发展与卫生条件的改善，也有利于人们按计划与理性生育子女。这样，生育子女的数量也就在两个左右，且此时人的社会意识增强而有可能按社会需要来生育子女。这样人口发展基本稳定，也能与社会发展保持一致的趋势。

然而，传统农业社会向工业社会转变的过程中，即在工业化初期，人的生活方式与生育思想的转变总是滞后于生产的发展，以至于增长的财富用于改善生活，这意味着陷入人口又开始进行快速增加，直到食物短缺与灾难出现导致高死亡率后人口又回到较低水平这种简单而低级的循环。

这也就是英国当时的经济学者马尔萨斯反对改善工人生活反对增加廉价谷物进口的原因。尽管这将面临严重的道德问题，但现实是只有生产发展的速度高于人口增长的速度并完成机械化生产所需的原始资本积累，生活的持续改善才能成为可能，人的生活方式才会改变，人口建立在不稳定经济基础上的增长危机才能从根本上消除。

这就是说，人类发展不可避免地会遇到人口与相应的道德危机，即落后社会的生活发展与人口增长存在不可调和的矛盾。这个矛盾在当今社会不但没有解决，反而变得更加复杂和棘手。

人类总是容易被表面的、可感官的东西所感动，而抽象意义的、需要坚持的科学与真理又常常被忽视。于是，每当有地方出现饥饿与混乱的人道危机，就会引发强烈的关注与援助，这样其死亡率很容易下降，但其落后的生活方式却很难改变，其结果是因低素质的人口增加变得容易而导致更多的问题出现。

今天，生态危机与文化冲突正变得日益普遍而严重，这是不是原始而"低级"的人口规律所引发的呢？是不是人类重视有形的技术与物质生产而忽视思想和生活质量发展的结果？这不得不引起我们的思考。

如果再考虑到我们今天正处于个人主义的生活危机中，而缺少统一、成熟的思想理论，混乱与冲突就显得更复杂，也更难解决。

后记 生命的意义

如果说生活的意义是为了幸福，那么幸福的意义又是什么？

不同的事物总有相同的意义让我们产生联想与思考。以生命体来说，尽管其存在与行为方式各异，但都有一个基本的要求，那就是力图以最小的代价来实现自己的需要，尽管这种代价与需要的形式和表现各异。

然而，生命也是一种物质存在。那么，物质存在的一般规律又是什么呢？

万物都在以各自不同的运行规律存在。规律就是有序，其实质就是一种稳定性规律体现。物质的稳定表现出两个基本特点：一是物质为适应环境而改变，并为求稳定，与不同的物质组合，也因不稳定而分离，这决定了物质在适应环境中能不断改变自己，并演变出稳定性更强的新物质。

生命体也是这种稳定性演变的结果，其意义是能对环境变化做出有效的适应性反应来实现稳定。而决定生命体有效应对环境变化的是一种特殊物质的神经感觉：当环境变化给自己带来不适，或者自己不能有效应对环境变化时就会感到"紧张与痛苦"，而在能有效应对环境变化时就感到"舒适与幸福"。这种感觉激励着生命体积极地去应对变化，也促进了神经的发展，由此进化出能对环境产生更有效的、预期的适应性反应的，具有丰富情感与思想的人类。

二是稳定是一种趋势，是宇宙存在的基本精神。每一种物质或者个体都因具有稳定的意义而存在，也会因稳定的需要与失去稳定的意义而消亡，这决定了个体与小的稳定为群体和大的稳定服务乃至牺牲的精神，也决定了稳定的资源总是向更有稳定意义和潜力的物质集中，让万物与宇宙变得更稳定。

稳定是万物存在与变化的基本要求，并由此决定了我们解释事物、理解生活的基本理由。如物体往低处运动是为了找到更稳定的位置；物质因产生裂变与辐射来获得低能量的稳定状态；人类通过对话、争吵与战争来化解矛盾、重建秩序，由此获得新的平衡和稳定；动物为延续更有生命力的后代而牺牲自己；物种之间与内部的残酷竞争是为了更强、更能适应生存的物种和个体的存活，让有限的资源集中到更有稳定意义与前途者身上；我们追求道德、形成国家、组成家庭，是为了有序与更稳定的生活；人类崇拜神灵、探索未知与寻找生活的意义是对不确定性的危机反应，这也是人类追求安全与稳定的意义体现。

我们说生活是为了实现个人的需要与幸福，而这种需要与幸福仅仅是人类适应环境的斗争所获得的激励而已。显然，离开了大自然的稳定精神与激励，人的情感与思想就不会形成，人类本身也就失去了意义。

人类产生于稳定性需要，其个性与思想的发展意义也就在于更有效率的实现稳定，但也可能在日益复杂的生活中犯错，即偏离大自然的稳定精神而混乱。如人类可能习惯于表面的生活享受与奢侈的物质消费，热衷于保守的宗教与文化，在个人主义的自私冲动中无情地打击对手、寻求不平等权力，或者盲目地改变环境等，这虽可让人获得满足与幸福感，也能实现局部与暂时稳定，但会因缺少理性与科学而带来不稳定的后果。因而像自然灾害、经济危机、社会混乱与生活的困惑等，从本质上讲就是这些人类病态行为的反应，也是人类违背自然精神所受到的惩罚。

相反，我们把人的生活与幸福建立在深刻的稳定意义之上，在获得幸福的同时享受到更多生活的意义，体会到伟大而美好的自然精神，就能使生活变得健康而更有激情，幸福也就更容易获得与持续。

的确，如果我们有了对生活更深刻的理解，认识到人与人、人与万物间是一种平等、共存的稳定关系，人们之间就容易相互理解与包容，在成就与成功时自然会产生相应的责任感与对他人的尊重而对死亡与失败也就能平静对待，且因理解到这是把有限的资源让给有能力的人去实现相同的人生意义而获得安慰和自豪。这样，生活的许多痛苦与混乱从根本上也就得以消除。

我一直在想这样的问题，动物之间的残杀，并为了繁殖后代而死亡是不是很痛苦。现在看来并不会，因为这是一种大自然精神。且我们发现这些生命都体现出这样一种行为规律：不断地把宝贵与分散的生存与稳定资源集中起来，再交给更有生命力、更稳定的"强者"，尽管这种移交有时在我们看来有些"残酷"，但这却是公平、有序与有效的，是大自然的完美安排。即让有限的生存与稳定资源为更稳定的强者服务是美好的、会得到激励的，或者说这是一种激励的结果。何来痛苦？相反，人类的自私、生活的混乱却是自寻痛苦因而需要我们反省。

人类虽然是生命体中最有活力与最有前途的物种，然而要做到永恒还面临许多考验。因此，人们不仅要有娱乐精神，更应有斗争精神。娱乐是人的本能要求，斗争则是生活的原则与责任。而斗争不仅体现在与自然的斗争上，更是一种社会斗争，即与不平等、腐败和特权等不合理行为的抗争。但遗憾的是，后者常常被人遗忘，或者被误导，这必须得纠正。

人类能实现永恒吗？这种永恒义意味着什么？大自然有稳定的要求与趋势，而这种要求与趋势的意义又是什么？

或者人类是否也是大自然稳定趋势中的一个过渡性产物，最终也会因某种更有意义的稳定而消亡？

　　宇宙因稳定而产生并为稳定而演变，那么在浩瀚宇宙之外还有更浩瀚的无序世界吗？有序与无序"世界"的关系又如何？又如何去认识无序的存在？

N